城市污水处理技术与设备

CHENGSHI WUSHUI CHULI JISHU YU SHEBEI

张翠雅 刘海燕
周 月 李 智 著

化学工业出版社
·北京·

内容简介

本书共分七章，主要介绍城市污水的水质指标与排放标准、物理处理方法及处理构筑物、生物处理方法及处理构筑物、深度处理方法与消毒、城市污水处理厂污泥处理与处置、城市污水处理厂试运行与水质检测、城市污水处理厂的主要设备等内容。

本书具有较强的针对性和可操作性，可供从事城市污水处理的技术人员、管理人员学习参考，也可供污水处理厂操作工上岗培训使用，还可供高等学校给排水科学与工程、环境工程及相关专业师生学习使用。

图书在版编目（CIP）数据

城市污水处理技术与设备 / 张翠雅等著. -- 北京：化学工业出版社，2025. 11. -- ISBN 978-7-122-49206-7

I. X703

中国国家版本馆 CIP 数据核字第 2025LN2710 号

责任编辑：董　琳

责任校对：边　涛　　　　装帧设计：刘丽华

出版发行：化学工业出版社

(北京市东城区青年湖南街 13 号　邮政编码 100011)

印　　装：北京天宇星印刷厂

710mm×1000mm　1/16　印张 12¾　字数 220 千字　2026 年 1 月北京第 1 版第 1 次印刷

购书咨询：010-64518888　　　　售后服务：010-64518899

网　　址：http: //www. cip. com. cn

凡购买本书，如有缺损质量问题，本社销售中心负责调换。

定　　价：88.00 元

前言

城市污水处理厂处理水的达标排放已成为衡量现代城市环境治理水平的关键指标之一。随着国家环保法规的日趋严格和水环境质量标准的不断提升，对污水处理厂的运行管理提出了更为精细化、科学化的要求。这不仅意味着需要更高的技术投入，更对运行管理人员的专业素养、操作规范性和应急处理能力提出了前所未有的挑战。在此背景下，城市污水处理技术与处理工艺的应用领域正经历着深刻的变革与迭代。那些效率相对低下、自动化程度不足、难以适应水质水量波动、能耗偏高的陈旧工艺与设备，正逐步退出历史舞台。与此同时，一批基于新材料、新原理、新控制策略的高效、智能、节能型技术工艺和设备被广泛应用，推动着污水处理行业向更高效、更环保、更可持续的方向发展。

为了适应这一技术进步与管理升级的需求，特别是为了满足城市污水处理厂一线技术人员和操作工上岗培训对系统性、时效性知识体系的需求，著者立足于当前城市污水处理技术的发展和应用实践编纂了此书。本书旨在构建一个全面、系统且紧密结合实际操作的知识框架，以弥补现有培训资源中可能存在的滞后性或碎片化问题。

本书的体系结构力求逻辑清晰、内容翔实。开篇首先系统介绍了城市污水处理的基本知识，涵盖了污水的来源、成分、特性以及处理的基本原则和目标，为后续章节奠定理论基础。随后，重点阐述了城市污水处理厂当前广泛应用的典型处理工艺，如以活性污泥法为核心的二级处理工艺以及在此基础上发展起来的A/O、A^2/O、SBR等多种变型工艺，分析了它们的技术特点、适用范围和运行控制要点。对于构成这些工艺流程的常用处理构筑物，如格栅、沉砂池、初沉池、曝气池、二沉池、滤池等，本书不仅描述了其结构和工作原理，更侧重于其在实际运行中的操作维护要点和常见问题诊断。

在运行管理知识方面，本书涵盖了日常巡检、工艺参数调整、设备维护保养等基础内容，还深入探讨了如何依据进水水质水量变化进行工艺优化调控，如何进行成本控制与能源管理，以及如何建立有效的应急预案体系等。而且，本书特别论述了污水深度处理技术，以满足日益严格的排放标准或再生水回用需求。同时，对近年来涌现并逐步得到应用的新技术、新工艺，也进行了介绍和评述，使读者能够了解行业发展的最新动态。

在内容的时效性方面，本书在涉及运行管理相关章节时，严格依据最新的国家及行业规范、标准和操作规程进行了更新和修订，确保所引用的标准限值与现行法规保持一致。保证本书所传递的知识信息与当前的行业实践要求紧密对接，避免因标准更新而导致的指导偏差。

本书的主要内容包括：城市污水的水质指标体系及其解读、国家及地方层面的排放标准解析；物理处理方法（如筛分、沉淀、气浮等）及其对应构筑物的设计运行要点；生物处理方法（好氧、厌氧、兼性等）及其构筑物（曝气池、厌氧反应器、生物滤池等）的工作原理与优化控制；城市污水深度处理的技术路线及常用消毒剂的选择与投加控制；城市污水处理厂污泥的性质、减量化、稳定化、资源化处理与最终处置技术；污水处理厂的试运行策略、关键参数调试及性能评估；水质监测、采样代表性保证、实验室分析与在线监测技术应用；以及污水处理厂核心动力设备——泵站与风机房的日常运行管理、维护保养、节能降耗策略与故障诊断处理等关键环节。

综上所述，本书可作为一部面向城市污水处理厂管理人员、技术人员的参考资料，也可作为污水处理厂操作工的上岗培训教材，旨在帮助其系统掌握必备的专业知识与操作技能，提升解决实际问题的能力，顺利通过职业资格认证。本书还可作为高等学校给排水科学与工程、环境工程及相关专业师生的重要教学参考书，为课堂教学提供实例支撑，拓展学生的专业视野，使其更好地理解理论知识在工程实践中的应用，从而培养出更符合行业发展需求的高素质复合型专业人才。本书的出版将为提升我国城市污水处理行业的整体运行管理水平、促进水环境的持续改善提供一定的知识支持和技术参考。

本书第一章由张翠雅、刘海燕撰写；第二章由刘海燕、周月撰写；第三章由张翠雅、周月、李智、刘海燕撰写；第四章由李智、张翠雅撰写；第五章由周月、李智撰写；第六章由刘海燕、张翠雅撰写；第七章由李智、周月、刘海燕、张翠雅撰写。国显勇和王海榕同学参与了资料收集和整理工作；同时，感谢李亚峰教授在撰写过程中对本书给予的大力支持和指导，在此表示诚挚的谢意！

限于著者水平及撰写时间，书中不妥和疏漏之处在所难免，敬请读者提出修改建议。

著者

2025 年 6 月

目录

第一章

城市污水的水质指标与排放标准

第一节　城市污水的水质指标

一、城市污水的来源与排放

1. 城市污水的来源

城市污水指城市居民生活污水，机关、学校、医院、商业服务机构及其他各类公共设施排水，以及允许排入城市污水收集系统的工业废水和初期雨水等。

生活污水是指人们日常生活中的排水，经由居住区、公共场所（饭店、宾馆、影剧院、体育场、医院、机关、学校、商场、车站等）和工业企业的生活设施（厨房、卫生间、浴室及洗衣房等）生活设施排出。

工业废水排入城镇污水收集系统必须满足《污水排入城镇下水道水质标准》（GB/T 31962—2015）的规定。初期雨水和融雪水的污染也较严重，若能纳入城市污水收集系统进行处理，对保护水环境具有积极的作用。

2. 城市污水处理后的排放与利用

城市污水经净化处理后，出路有：①排放水体，作为水体的补给水；②灌溉田地；③再生利用。

排放水体是城市污水最常采用的出路。排放水体的城市污水应达到国家或地方相关的排放标准，否则可能造成水体遭受污染。灌溉田地可使污水得到充分利用，但必须符合灌溉的有关规定，避免土壤与农作物污染。

污水再生利用是最合理的出路，既可以有效地节约和利用有限、宝贵的淡水资源，又可以减少污水的排放量，减轻对环境的污染。城市污水再生利用的范围很广，包括生活杂用水，如园林绿化、浇洒道路、冲厕用水；环境景观的补水；工业生产用水，如电厂的循环冷却水等。

二、城市污水的主要水质指标

污水的污染指标是用来衡量水在使用过程中被污染的程度，也称污水的水质指标。本书介绍最常用的几项主要水质指标。

1. 生物化学需氧量（BOD）

生物化学需氧量（BOD）是一个反映水中可生物降解的含碳有机物的含量及排到水体后所产生的耗氧影响的指标。它表示在温度为 20℃和有氧的条件下，由于好氧微生物分解水中有机物的生物化学氧化过程中消耗的溶解氧量，也就是水中可生物降解有机物稳定化所需要的氧量，单位为 mg/L。BOD 不仅包括水中好氧微生物的增长繁殖或呼吸作用所消耗的氧量，还包括了硫化物、亚铁等还原性无机物所耗用的氧量，但这一部分的所占比例通常很小。BOD浓度越高，表示污水中可生物降解的有机物越多。

污水中可降解有机物的转化与温度、时间有关。在20℃的自然条件下，有机物氧化到硝化阶段，即实现全部分解稳定所需时间在100d以上，但实际上常用20℃时20d的生化需氧量BOD_{20}近似地代表完全生化需氧量。在生产应用中一般采用20℃时5d的生化需氧量BOD_5作为衡量污水有机物含量的指标。

2. 化学需氧量（COD）

尽管BOD_5是城市污水中常用的有机物浓度指标，但是存在分析上的缺陷:

① 5d的测定时间过长，难以及时指导实践；

② 污水中难生物降解的物质含量高时，BOD_5测定误差较大；

③ 工业废水中往往含有抑制微生物生长繁殖的物质，影响测定结果。

因此，有必要采用COD这一指标作为补充或替代。化学需氧量（COD）是指在酸性条件下，用强氧化剂重铬酸钾将污水中有机物氧化为CO_2、H_2O所消耗的氧量，用COD_{Cr}表示，一般写成COD，单位为mg/L。重铬酸钾的氧化性极强，水中有机物绝大部分（90%～95%）被氧化。化学需氧量的优点是能够更精确地表示污水中有机物的含量，并且测定的时间短，不受水质的限制。缺点是不能像BOD那样表示微生物氧化的有机物量。另外，还有部分无机物也被氧化，并非全部代表有机物含量。

城市污水的COD一般大于BOD_5，两者的差值可反映污水中存在难以被微生物降解的有机物。在城市污水处理分析中，常用BOD_5/COD值来分析污水的可生化性，当BOD_5/COD值>0.3时，可生化性较好，适宜采用生化处理工艺。

3. 悬浮物（SS）

悬浮固体是水中未溶解的非胶态的固体物质，在条件适宜时可以沉淀。悬浮固体可分为有机性和无机性两类，反映污水汇入水体后将发生的淤积情况，单位为mg/L。因悬浮固体在污水中肉眼可见，能使水浑浊，属于感官性指标。

悬浮固体代表了可以用沉淀、混凝沉淀或过滤等物化方法去除的污染物，也是影响感官性状的水质指标。

4. pH值

酸度和碱度是污水的重要指标，通常用pH值表征其酸碱性。它对保护环境、污水处理及水工构筑物都有影响，一般生活污水呈中性或弱碱性，工业废水多呈强酸或强碱性。城市污水的 pH 呈中性，一般为 6.5～7.5。pH 值的微小降低可能是由于城市污水输送管道中的厌氧发酵；雨季时 pH 值的显著降低则往往是城市酸雨造成的，这种情况在合流制系统尤其突出。pH 值的突然大幅度变化不论是升高还是降低，通常是由于工业废水的大量排入造成的。

5. 总氮（TN）、氨氮（NH_3-N）、凯氏氮（TKN）

（1）总氮（TN） 为水中有机氮、氨氮和总氧化氮（亚硝酸氮及硝酸氮之和）的总和。有机污染物分为植物性和动物性两类。其中，城市污水中植物性有机污染物如果皮、蔬菜叶等，其主要化学成分是碳（C），由 BOD_5 表征；动物性有机污染物质包括人畜粪便、动物组织碎块等，其化学成分以氮（N）为主。氮属植物性营养物质，是导致湖泊、海湾、水库等缓流水体富营养化的主要物质，是污水处理的重要控制指标。

（2）氨氮（NH_3-N） 氨氮是水中以 NH_3 和 NH_4^+ 形式存在的氮，是有机氮化物氧化分解的第一步产物。氨氮不仅会促使水体中藻类的繁殖，而且游离的 NH_3 对鱼类有很强的毒性，致死鱼类的浓度在 0.2～2.0mg/L 之间。氨也是污水中重要的耗氧物质，在硝化细菌的作用下，氨被氧化成 NO_2^- 和 NO_3^-，所消耗的氧量称硝化需氧量。

（3）凯氏氮（TKN） 是氨氮和有机氮的总和。测定 TKN 及 NH_3-N，两者之差即为有机氮。

6. 总磷（TP）

总磷是污水中各类有机磷和无机磷的总和。与总氮类似，磷也属植物性营养物质，是导致缓流水体富营养化的主要物质。成为一项重要的水质控制指标。

7. 非重金属无机物质有毒化合物和重金属

（1）氰化物（CN） 氰化物是剧毒物质，急性中毒时抑制细胞呼吸，造成人体组织严重缺氧，对人的经口致死量为 0.05～0.12g。

排放含氰废水的工业主要有电镀、焦炉和高炉的煤气洗涤，金、银选矿和某些化工企业等，含氰浓度在 20～70mg/L 之间。

氰化物在水中的存在形式有无机氰（如氰氢酸 HCN、氰酸盐 CNO^-）及有机氰化物（称为腈，如丙烯腈 C_2H_3CN）。我国饮用水标准规定氰化物含量≤0.05mg/L，农业灌溉水质标准规定氰化物含量为≤0.5mg/L。

（2）砷（As） 砷是对人体毒性作用比较严重的有毒物质之一。砷化物在污水中存在形式有无机砷化物（如亚砷酸盐 AsO_2，砷酸盐 AsO_4^{3-}）以及有机砷（如三甲基砷）。三价砷的毒性远高于五价砷，对人体来说，亚砷酸盐的毒性作用比砷酸盐大 60 倍，因为亚砷酸盐能够和蛋白质中的硫反应，而三甲基砷的毒性比亚砷酸盐更大。

砷具有累积性毒性，当饮水中砷含量>0.05mg/L时就会导致累积。近年来发现砷还是致癌元素（主要是皮肤癌)。排放含砷废水的工业有化工、有色冶金、炼焦、火电、造纸、皮革等，其中以冶金、化工排放砷量较高。

我国饮用水标准规定砷含量≤0.04mg/L，农田灌溉用水砷含量≤0.05mg/L，渔业用水砷含量≤0.1mg/L。

8. 重金属

重金属指原子序数在21～83之间的金属或相对密度>4的金属。其中汞(Hg)、镉（Cd)、铬（Cr)、铅（Pb）毒性最大，危害也最大。

(1) 汞（Hg） 汞是重要的污染物质，也是对人体毒害作用比较严重的物质。汞是累积性毒物，无机汞进入人体后随血液分布于全身组织，在血液中遇氯化钠生成二价汞盐，累积在肝、肾和脑中，在达到一定浓度后毒性发作，其毒理主要是汞离子与酶蛋白的硫结合，抑制多种酶的活性，使细胞的正常代谢发生障碍。

甲基汞是无机汞在厌氧微生物的作用下转化而成的。甲基汞在人体肠道内极易被吸收并扩散到全身，甲基汞在体内约有15%累积在脑内，侵入中枢神经系统，破坏神经系统功能。

含汞废水排放量较大的是氯碱工业，因其在工艺上以金属汞作流动阴电极，以制成氯气和苛性钠，有大量的汞残留在废盐水中。聚氯乙烯、乙醛、醋酸乙烯的合成工业均以汞作催化剂，因此上述工业废水中含有一定数量的汞。此外，在仪表和电气工业中也常使用金属汞，因此也排放含汞废水。

我国饮用水、农田灌溉水都要求汞含量≤0.001mg/L，渔业用水要求更为严格，要求汞含量≤0.0005mg/L。

(2) 镉（Cd） 镉也是一种比较广泛的污染物质。镉是一种典型的累积富集型毒物，主要累积在肾脏和骨骼中，引起肾功能失调，骨质中钙被镉所取代，使骨骼软化，造成自发性骨折，疼痛难忍。这种病潜伏期长，短则10年，长则30年，发病后很难治疗。

每人每日允许摄入的镉量为0.057～0.071mg/L。我国饮用水标准规定镉含量不得大于0.01mg/L，农业用水与渔业用水标准规定镉含量<0.005mg/L。

镉主要来自采矿、冶金、电镀、玻璃、陶瓷、塑料等生产部门排出的废水。

(3) 铬（Cr） 铬也是一种较普遍的污染物。铬在水中以六价和三价两种形态存在，三价铬的毒性低，通常六价铬为污染物质。人体大量摄入六价铬能引起急性中毒，长期少量摄入六价铬也能引起慢性中毒。六价铬是卫生标准中的重要指标，饮用水六价铬含量≤0.05mg/L，农业灌溉用水与渔业用水六价铬含量<0.1mg/L。

排放含铬废水的工业企业主要有电镀、制革、铬酸盐生产以及铬矿石开采等。电镀车间是产生六价铬的主要来源，电镀废水中铬的浓度一般为50～100mg/L。生产铬酸盐的工厂，其废水中六价铬的含量一般在100～200mg/L之间。皮革鞣制工业排放的废水中六价铬的含量约为40mg/L。

(4) 铅（Pb） 铅对人体也是累积性毒物。研究表明，成年人每日摄取铅<0.32mg时，人体可将其排除而不产生积累作用；摄取0.5～0.6mg，可能有少量的累积，但尚不至于危及健康；如每日摄取量>1.0mg，将在体内产生明显的累积作用，长期摄入会引起慢性中毒。其毒理是铅离子与人体内多种酶络合，从而扰乱了机体多方面的生理功能，可危及神经系统、造血系统、循环系统和消化系统。

我国饮用水、渔业用水及农田灌溉水都要求铅含量<0.1mg/L。铅主要含于采矿、冶炼、化学、蓄电池、颜料工业等排放的废水中。

9. 微生物指标

污水生物性质的检测指标有大肠菌群数（或称大肠菌群值）、大肠菌群指数、病毒及细菌总数。

(1) 大肠菌群数（大肠菌群值）与大肠菌群指数 大肠菌群数（大肠菌群值）是每升水样中所含有的大肠菌群的数目，以个/L计；大肠菌群指数是查出1个大肠菌群所需的最少水量，以mL计。可见大肠菌群数与大肠菌群指数是互为倒数，即：

$$\text{大肠菌群指数} = \frac{1000}{\text{大肠菌群数}} \tag{1-1}$$

若大肠菌群数为500个/L，则大肠菌群指数为1000/500，等于2mL。大肠菌群数作为污水被粪便污染程度的卫生指标，原因有2个：

① 大肠菌与病原菌都存在于人类肠道系统内，它们的生活习性及在外界环境中的存活时间都基本相同。每人每日排泄的粪便中含有大肠菌1×10^{11}～4×10^{11}个，数量大大多于病原菌，但对人体无害；

② 大肠菌的数量多，且容易培养检验，但病原菌的培养检验十分复杂困难。因此，常采用大肠菌群数作为卫生指标。水中存在大肠菌，就表明受到粪便的污染，并可能存在病原菌。

(2) 病毒 污水中已被检出的病毒有100多种。检出大肠菌群，可以表明肠道病原菌的存在，但不能表明是否存在病毒及其他病原菌（如炭疽杆菌）。因此还需要检验病毒指标。病毒的检验方法目前主要有数量测定法与蚀斑测定法两种。

（3）细菌总数　细菌总数是大肠菌群数、病原菌、其他细菌及病毒的总和，以每毫升水样中的细菌菌落总数表示。细菌总数越多，表示病原菌与病毒存在的可能性越大。因此用大肠菌群数、病毒及细菌总数 3 个卫生指标来评价污水受生物污染的严重程度就比较全面。

第二节　污水排放与再生利用标准

一、城市污水处理厂污染物的排放标准

目前，我国城市污水处理厂污染物的排放均执行由国家环境保护总局和国家技术监督检验总局批准发布的《污水处理厂污染物排放标准》（GB 18918—2002）。该标准是专门针对城市污水处理厂污水、废气、污泥污染物排放制定的国家专业污染物排放标准，适用于城市污水处理厂污水排放、废气的排放和污泥处置的排放与控制管理。该标准将城市污水污染物控制项目分为两类。

第一类为基本控制项目，主要是对环境产生较短期影响的污染物，也是城市污水处理厂常规处理工艺能去除的主要污染物，包括 BOD、COD、SS、动植物油、石油类、阴离子表面活性剂、总氮、氨氮、总磷、色度、pH 值和粪大肠菌群数共 12 项，一类重金属汞、烷基汞、镉、铬、六价铬、砷、铅共 7 项。

第二类为选择控制项目，主要是对环境有较长期影响或毒性较大的污染物，或是影响生物处理、在城市污水处理厂又不易去除的有毒有害化学物质和微量有机污染物如酚、氰、硫化物、甲醛、苯胺类、硝基苯类、三氯乙烯、四氯化碳等 43 项。

该标准根据依据处理工艺和排放去向制定的技术，结合污水处理程度和受纳水体功能，将常规污染物排放标准分为一级标准、二级标准和三级标准。一级标准分为 A 标准和 B 标准。一级标准是为了实现城市污水资源化利用和重点保护饮用水源目的，适用于补充河湖景观用水和再生利用，应采用深度处理或二级强化处理工艺。二级标准主要是以常规或改进的二级处理为主的处理工艺为基础制定的。三级标准是为了在一些经济欠发达的特定地区，根据当地的水环境功能要求和技术经济条件，可暂时按一级强化处理执行，作为过渡性放

宽标准。一类重金属污染物和选择控制项目不分级。

一级标准的 A 标准是城市污水处理厂出水作为回用水的基本要求。当污水处理厂出水引入稀释能力较小的河湖作为城市景观用水和一般回用水等用途时，执行一级标准的 A 标准。

城市污水处理厂出水排入 GB 3838 地表水Ⅲ类功能水域（划定的饮用水水源保护区和游泳区除外）、GB 3097 海水二类功能水域和湖、库等封闭或半封闭水域时，执行一级标准的 B 标准。城市污水处理厂出水排入 GB 3838 地表水Ⅳ、Ⅴ类功能水域或 GB 3097 海水三、四类功能海域，执行二级标准。

非重点控制流域和非水源保护区的建制镇的污水处理厂，根据当地经济条件和水污染控制要求，采用一级强化处理工艺时，执行三级标准。但必须预留二级处理设施的建设用地，分期达到二级标准。城市污水处理厂水污染物排放基本控制项目执行表 1-1 和表 1-2 的规定。选择控制项目按表 1-3 的规定执行。

表 1-1　基本控制项目最高允许排放浓度（日均值）　　单位：mg/L

<table>
<tr><th rowspan="2">序号</th><th rowspan="2" colspan="2">基本控制项目</th><th colspan="2">一级标准</th><th rowspan="2">二级标准</th><th rowspan="2">三级标准</th></tr>
<tr><th>A 标准</th><th>B 标准</th></tr>
<tr><td>1</td><td colspan="2">化学需氧量（COD）</td><td>50</td><td>60</td><td>100</td><td>120①</td></tr>
<tr><td>2</td><td colspan="2">生化需氧量（BOD_5）</td><td>10</td><td>20</td><td>30</td><td>60①</td></tr>
<tr><td>3</td><td colspan="2">悬浮物（SS）</td><td>10</td><td>20</td><td>30</td><td>50</td></tr>
<tr><td>4</td><td colspan="2">动植物油</td><td>1</td><td>3</td><td>5</td><td>20</td></tr>
<tr><td>5</td><td colspan="2">石油类</td><td>1</td><td>3</td><td>5</td><td>15</td></tr>
<tr><td>6</td><td colspan="2">阴离子表面活性剂</td><td>0.5</td><td>1</td><td>2</td><td>5</td></tr>
<tr><td>7</td><td colspan="2">总氮（以 N 计）</td><td>15</td><td>20</td><td>—</td><td>—</td></tr>
<tr><td>8</td><td colspan="2">氨氮（以 N 计）②</td><td>5（8）</td><td>8（15）</td><td>25（30）</td><td>—</td></tr>
<tr><td rowspan="2">9</td><td rowspan="2">总磷
（以 P 计）</td><td>2005 年 12 月 31 日前建设的</td><td>1</td><td>1.5</td><td>3</td><td>5</td></tr>
<tr><td>2006 年 1 月 1 日起建设的</td><td>0.5</td><td>1</td><td>3</td><td>5</td></tr>
<tr><td>10</td><td colspan="2">色度（稀释倍数）</td><td>30</td><td>30</td><td>40</td><td>50</td></tr>
<tr><td>11</td><td colspan="2">pH 值</td><td colspan="4">6～9</td></tr>
<tr><td>12</td><td colspan="2">粪大肠菌群数/（个/L）</td><td>1000</td><td>10000</td><td>10000</td><td>—</td></tr>
</table>

① 下列情况按去除率指标执行：当进水 COD＞350mg/L 时，去除率应＞60%；BOD＞160mg/L 时，去除率应＞50%。

② 括号外数值为水温＞12℃时的控制指标，括号内数值为水温≤12℃时的控制指标。

表 1-2　部分一类污染物最高允许排放浓度（日均值）　　单位：mg/L

序号	项目	标准值
1	总汞	0.001
2	烷基汞	不得检出
3	总镉	0.01
4	总铬	0.1
5	六价铬	0.05
6	总砷	0.1
7	总铅	0.1

表 1-3　选择控制项目最高允许排放浓度（日均值）　　单位：mg/L

序号	选择控制项目	标准值	序号	选择控制项目	标准值
1	总镍	0.05	23	三氯乙烯	0.3
2	总铍	0.002	24	四氯乙烯	0.1
3	总银	0.1	25	苯	0.1
4	总铜	0.5	26	甲苯	0.1
5	总锌	1.0	27	邻二甲苯	0.4
6	总锰	2.0	28	对二甲苯	0.4
7	总硒	0.1	29	间二甲苯	0.4
8	苯并[*a*]芘	0.00003	30	乙苯	0.4
9	挥发酚	0.5	31	氯苯	0.3
10	总氰化物	0.5	32	1,4-二氯苯	0.4
11	硫化物	1.0	33	1,2-二氯苯	1.0
12	甲醛	1.0	34	对硝基氯苯	0.5
13	苯胺类	0.5	35	2,4-二硝基氯苯	0.5
14	总硝基化合物	2.0	36	苯酚	0.3
15	有机磷农药（以P计）	0.5	37	间甲酚	0.1
16	马拉硫磷	1.0	38	2,4-二氯酚	0.6
17	乐果	0.5	39	2,4,6-三氯酚	0.6
18	对硫磷	0.05	40	邻苯二甲酸二丁酯	0.1
19	甲基对硫磷	0.2	41	邻苯二甲酸二辛酯	0.1
20	五氯酚	0.5	42	丙烯腈	2.0
21	三氯甲烷	0.3	43	可吸附有机卤化物（AOX，以Cl计）	1.0
22	四氯化碳	0.03			

二、污水排入城市下水道的水质标准

污水排入城市下水道控制项目的限值与末端污水处理厂的处理程度有关。《污水排入城镇下水道水质标准》（GB/T 31962—2015）规定，根据城市下水道末端污水处理厂的处理程度，将控制项目限值分为A、B、C三个等级。

① 采用再生处理时，排入城市下水道的污水水质应符合A级的规定。

② 采用二级处理时，排入城市下水道的污水水质应符合B级的规定。

③ 采用一级处理时，排入城市下水道的污水水质应符合C级的规定。

污水排入城市下水道水质标准具体数值见表1-4。

表1-4　污水排入城市下水道水质标准

序号	控制项目名称	单位	A级	B级	C级
1	水温	℃	40	40	40
2	色度	倍	64	64	64
3	易沉固体	mL/(L·15min)	10	10	10
4	悬浮物	mg/L	400	400	250
5	溶解性总固体	mg/L	1500	2000	2000
6	动植物油	mg/L	100	100	100
7	石油类	mg/L	15	15	10
8	pH值	—	6.5～9.5	6.5～9.5	6.5～9.5
9	五日生化需氧量（BOD_5）	mg/L	350	350	150
10	化学需氧量（COD）	mg/L	500	500	300
11	氨氮（以N计）	mg/L	45	45	25
12	总氮（以N计）	mg/L	70	70	45
13	总磷（以P计）	mg/L	8	8	5
14	阴离子表面活性剂（LAS）	mg/L	20	20	10
15	总氰化物	mg/L	0.5	0.5	0.5
16	总余氯（以Cl_2计）	mg/L	8	8	8
17	硫化物	mg/L	1	1	1
18	氟化物	mg/L	20	20	20

续表

序号	控制项目名称	单位	A 级	B 级	C 级
19	氯化物	mg/L	500	800	800
20	硫酸盐	mg/L	400	600	600
21	总汞	mg/L	0.005	0.005	0.005
22	总镉	mg/L	0.05	0.05	0.05
23	总铬	mg/L	1.5	1.5	1.5
24	六价铬	mg/L	0.5	0.5	0.5
25	总砷	mg/L	0.3	0.3	0.3
26	总铅	mg/L	0.5	0.5	0.5
27	总镍	mg/L	1	1	1
28	总铍	mg/L	0.005	0.005	0.005
29	总银	mg/L	0.5	0.5	0.5
30	总硒	mg/L	0.5	0.5	0.5
31	总铜	mg/L	2	2	2
32	总锌	mg/L	5	5	5
33	总锰	mg/L	2	5	5
34	总铁	mg/L	5	10	10
35	挥发酚	mg/L	1	1	0.5
36	苯系物	mg/L	2.5	2.5	1
37	苯胺类	mg/L	5	5	2
38	硝基苯类	mg/L	5	5	3
39	甲醛	mg/L	5	5	2
40	三氯甲烷	mg/L	1	1	0.6
41	四氯化碳	mg/L	0.5	0.5	0.06
42	三氯乙烯	mg/L	1	1	0.6
43	四氯乙烯	mg/L	0.5	0.5	0.2
44	可吸附有机卤化物（AOX，以 Cl 计）	mg/L	8	8	5

续表

序号	控制项目名称	单位	A 级	B 级	C 级
45	有机磷农药(以P计)	mg/L	0.5	0.5	0.5
46	五氯酚	mg/L	5	5	5

三、城市污水再生利用的水质标准

我国现行的国家标准《城镇污水处理厂污染物排放标准》(GB 18918—2002)规定城市污水处理厂的污染物排放一般应达到一级A标准。但达到一级A排放标准的水质仍无法满足再生利用要求，因此，若城市污水处理厂的出水要实现再生利用，必须增加深度处理，使其水质达到再生利用的达标。城市污水再生利用按用途分为如表1-5所列的几类。

表 1-5　城市污水再生利用类别

序号	分类	范围	示例
1	农、林、牧、渔业用水	农田灌溉	种籽与育种、粮食与饲料作物、经济作物
		造林育苗	种籽、苗木、苗圃、观赏植物
		畜牧养殖	畜牧、家畜、家禽
		水产养殖	淡水养殖
2	城市杂用水	城市绿化	公共绿地、住宅小区绿化
		冲厕	厕所便器冲洗
		道路清扫	城镇道路的冲洗及喷洒
		车辆冲洗	各种车辆冲洗
		建筑施工	施工场地清扫、浇洒、灰尘抑制、混凝土制备与养护、施工中的混凝土构件和建筑物冲洗
		消防	消火栓、消防水炮

续表

序号	分类	范围	示例
3	工业用水	冷却用水	直流式、循环式
		洗涤用水	冲渣、冲灰、消烟除尘、清洗
		锅炉用水	中压、低压锅炉
		工艺用水	溶料、水浴、蒸煮、漂洗、水力开采、水力输送、增湿、稀释、搅拌、选矿、油田回注
		产品用水	浆料、化工制剂、涂料
4	环境用水	娱乐性景观环境用水	娱乐性景观河道、景观湖泊及水景
		观赏性景观环境用水	观赏性景观河道、景观湖泊及水景
		湿地环境用水	恢复自然湿地、营造人工湿地
5	补充水源水	补充地表水	河流、湖泊
		补充地下水	水源补给、防止海水入侵、防止地面沉降

污水再生利用水质标准应根据不同的用途具体确定。用于冲厕、道路清扫、消防、城市绿化、车辆冲洗、建筑施工等杂用的再生水水质应符合《城市污水再生利用　城市杂用水水质》(GB/T 18920—2020) 的规定，见表 1-6。用于景观环境用水的再生水水质应符合国家标准《城市污水再生利用　景观环境用水水质》(GB/T 18921—2019) 的规定，见表 1-7。再生水用于工业用水和农田灌溉时，其水质应达到相应的水质标准。

表 1-6　城市杂用水水质标准

项目		冲厕、车辆冲洗	城市绿化、道路清扫、消防、建筑施工
pH 值		6.0～9.0	6.0～9.0
色度，钴铂色度单位	≤	15	30
嗅		无不快感	无不快感
浊度/NTU	≤	5	10

续表

项目		冲厕、车辆冲洗	城市绿化、道路清扫、消防、建筑施工
BOD_5/(mg/L)	≤	10	10
氨氮(以 N 计)/(mg/L)	≤	5	8
阴离子表面活性剂/(mg/L)	≤	0.5	0.5
铁/(mg/L)	≤	0.3	—
锰/(mg/L)	≤	0.1	—
溶解性固体/(mg/L)	≤	1000(2000) ①	1000(2000) ①
溶解氧/(mg/L)	≥	2.0	2.0
总氯/(mg/L)	≤	1.0(出厂),0.2(管网末端)	1.0(出厂),0.2②(管网末端)
大肠埃希氏菌/(MPN/100mL,或 CFU/100mL)	≤	无③	无③

① 括号内指标值为沿海或本地水源中溶解性固体含量较高的区域的指标。

② 用于城市绿化时，不超过 2.5mg/L。

③ 大肠埃希氏菌不应检出。

表 1-7 景观环境用水水质标准

项目	观赏性景观环境用水			娱乐性景观环境用水			景观湿地环境用水
	河道类	湖泊类	水景类	河道类	湖泊类	水景类	
基本要求	无漂浮物,无令人不愉快的嗅和味						
pH 值	6.0～9.0						
生化需氧量(BOD_5)/(mg/L) ≤	10	6		10	6		10
浊度/NTU ≤	10	5		10	5		10
总磷(以 P 计)/(mg/L) ≤	0.5	0.3		0.5	0.3		0.5

续表

<table>
<tr><th rowspan="2">项目</th><th colspan="3">观赏性景观环境用水</th><th colspan="3">娱乐性景观环境用水</th><th rowspan="2">景观湿地环境用水</th></tr>
<tr><th>河道类</th><th>湖泊类</th><th>水景类</th><th>河道类</th><th>湖泊类</th><th>水景类</th></tr>
<tr><td>总氮(以N计)/(mg/L) ≤</td><td>15</td><td colspan="2">10</td><td>15</td><td colspan="2">10</td><td>15</td></tr>
<tr><td>氨氮(以N计)/(mg/L) ≤</td><td>5</td><td colspan="2">3</td><td>5</td><td colspan="2">3</td><td>5</td></tr>
<tr><td>粪大肠菌群/(个/L) ≤</td><td colspan="3">1000</td><td colspan="2">1000</td><td>3</td><td>1000</td></tr>
<tr><td>余氯/(mg/L)</td><td colspan="5">—</td><td>0.05～0.1</td><td>—</td></tr>
<tr><td>色度/度 ≤</td><td colspan="7">20</td></tr>
</table>

注： 1. 未采用加氯消毒方式的再生水，其补水点无余氯要求。

2. “—”表示对此项无要求。

第三节 城市污水处理的基本方法及基本处理工艺

一、城市污水处理的基本方法

城市污水处理的基本方法就是采用各种技术与手段，将污水中所含的污染物质分离去除、回收利用，或将其转化为无害物质，使水得到净化。

现代污水处理技术按原理可分为物理处理法、化学处理法和生物化学处理法 3 类。

1. 物理处理法

利用物理作用分离污水中呈悬浮状态的固体污染物质。方法有筛滤法、沉淀法、上浮法、气浮法、过滤法和反渗透法等。

2. 化学处理法

利用化学反应的作用，分离回收污水中处于各种形态的污染物质（包括悬浮的、溶解的、胶体的等）。主要方法有中和、混凝、电解、氧化还原、汽提、萃取、吸附、离子交换和电渗析等。化学处理法多用于处理生产污水。

3. 生物化学处理法

利用微生物的代谢作用，使污水中呈溶解、胶体状态的有机污染物转化为稳定的无害物质。主要方法可分为两大类，即利用好氧微生物作用的好氧法（好氧氧化法）和利用厌氧微生物作用的厌氧法（厌氧还原法）。前者广泛用于处理城市污水及有机性生产污水，其中有活性污泥法和生物膜法 2 种；后者多用于处理高浓度有机污水与污水处理过程中产生的污泥，现在也用于处理城市污水与低浓度有机污水。

由于污水中的污染物是多种多样的，因此，在实际工程中，往往需要将几种方法组合使用，通过几个处理单元去除污水中的各类污染物，使污水达到排放标准。

二、城市污水处理工艺

城市污水处理技术按处理程度划分，可分为一级处理、二级处理和三级（深度）处理。

1. 一级处理

一级处理主要去除污水中呈悬浮状态的固体污染物质，物理处理法大部分只能完成一级处理的要求。城市污水一级处理的主要构筑物有格栅、沉砂池和初沉池。一级处理的工艺流程如图 1-1 所示。

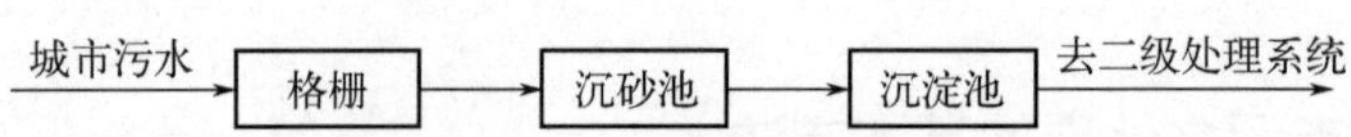

图 1-1　一级处理的工艺流程

格栅的作用是去除污水中的大块漂浮物，沉砂池的作用是去除相对密度较大的无机颗粒，沉淀池的作用主要是去除无机颗粒和部分有机物质。经过一级处理后的污水，SS 一般可去除 40%～55%，BOD 一般可去除 30%左右，达不到排放标准。一级处理属于二级处理的预处理。

2. 二级处理

二级处理是在一级处理的基础之上增加生化处理方法，其目的主要是去除污水中呈胶体和溶解状态的有机污染物质（即 BOD、COD 物质）。二级处理采用的生化方法主要有活性污泥法和生物膜法，其中采用较多的是活性污泥法。经过二级处理，城市污水中有机物的去除率可达 90%以上。二级处理是城市污水处理的主要工艺，应用非常广泛。

图 1-2 为城市污水二级处理典型工艺流程。

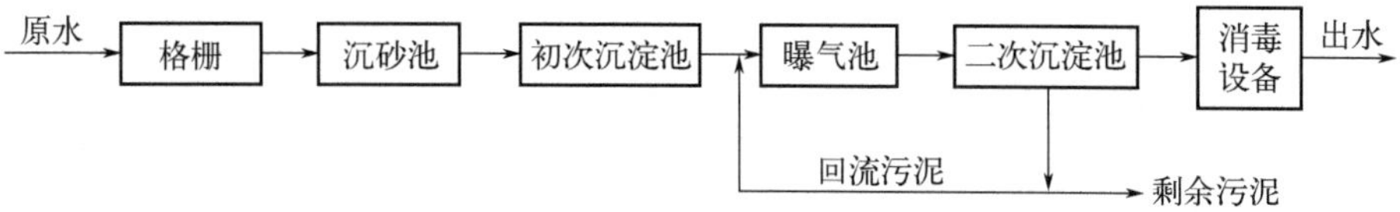

图 1-2　城市污水二级处理典型工艺流程

3. 三级（深度）处理

城市污水三级处理是在一级、二级处理后，增加深度处理工艺，进一步处理难降解的有机物、磷和氮等可能导致水体富营养化的可溶性无机物，典型工艺流程见图 1-3。

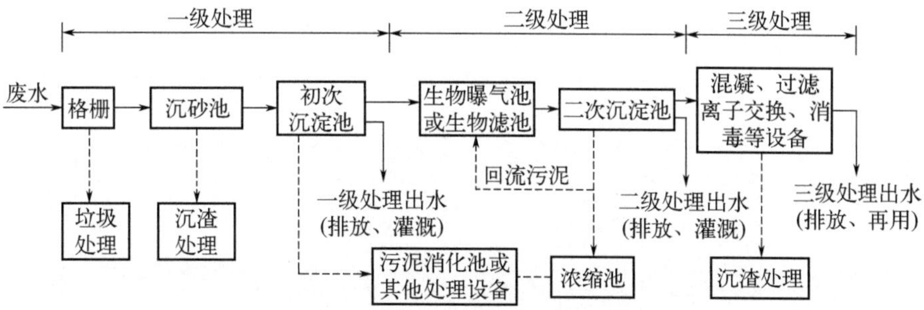

图 1-3　城市污水三级处理典型工艺流程

三级（深度）处理方法的选择与污水处理厂二级处理出水水质及深度处理后出水水质要求有关，应结合实际情况进行选择。

第二章

物理处理方法及处理构筑物

第一节　格栅

格栅一般安装在污水处理厂污水泵站之前，用以拦截大块的悬浮物或漂浮物，以保证后续构筑物或设备的正常工作。

一、格栅的分类与构造

格栅一般由相互平行的格栅条、格栅框和清渣耙三部分组成。格栅按不同的方法可分为不同的类型。

（1）按格栅条间距的大小　格栅分为细格栅、中格栅和粗格栅三类，其栅条间距分别为 4～10mm、15～25mm 和＞40mm。

（2）按清渣方式　格栅分为人工清渣格栅和机械清渣格栅两种。人工清渣方式通常用于粗格栅。

（3）按栅耙的位置　格栅分为前清渣式格栅和后清渣式格栅。前清渣式格栅要顺水流清渣，后清渣式格栅需逆水流清渣。

（4）按形状　格栅分为平面格栅和曲面格栅。图 2-1 为平面格栅，图 2-2 为曲面格栅。

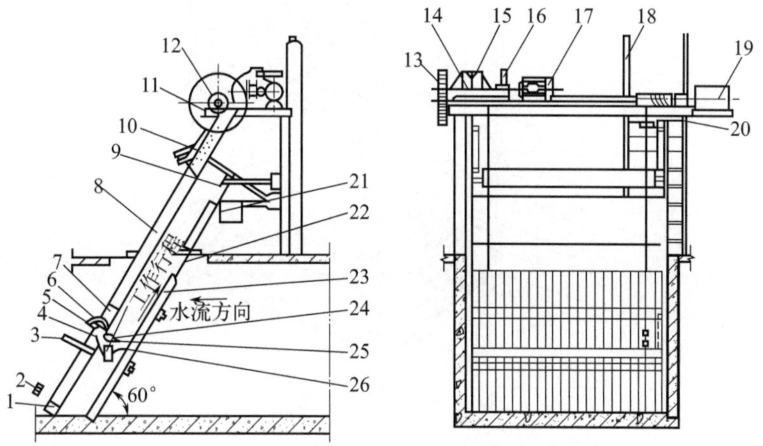

图 2-1　采用机械清渣的平面格栅

1—滑块行程限位螺栓；2—清渣耙自锁机构开锁撞块；3—清渣耙自锁栓；4—耙臂；5—销轴；6—清渣耙摆动限位板；7—滑块；8—滑块导轨；9—刮板；10—抬耙导轨；11—底座；12—卷筒轴；13—开式齿轮；14—卷筒；15—减速机；16—制动器；17—电动机；18—扶梯；19—限位器；20—松绳开关；21—上溜板；22—下溜板；23—格栅；24—抬耙滚子；25—钢丝绳；26—耙齿板

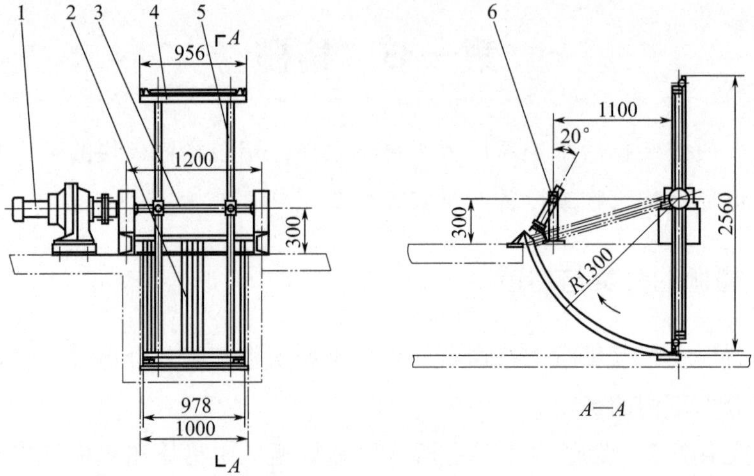

图 2-2　曲面格栅

1—驱动装置；2—栅条组；3—传动轴；4—齿耙臂；5—旋转耙臂；6—撇渣装置

(5) 按构造特点　格栅分为抓扒式格栅、循环式格栅、弧形格栅、回转式格栅、转鼓式格栅和阶梯式格栅。图 2-3 所示为阶梯式格栅。

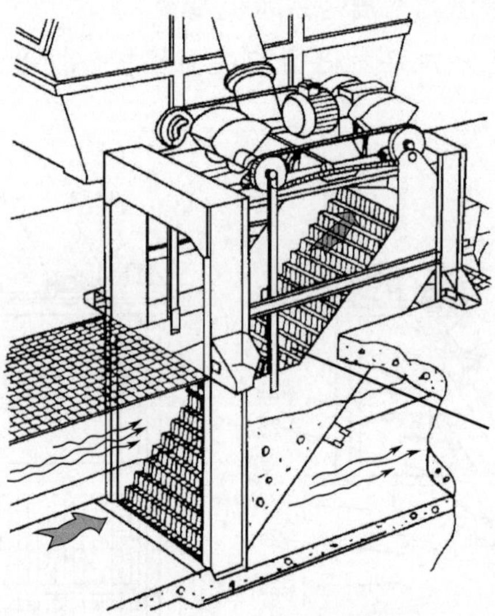

图 2-3　阶梯式格栅

二、格栅的设置

格栅栅条间距与格栅的用途有关。设置在水泵前的格栅栅条间距应满足水泵的要求；设置在污水处理系统前的格栅栅条间距最大不能超过 40mm，其中人工清除为 25～40mm，机械清除为 16～25mm。污水处理厂一般设置 2 道格栅，总提升泵站前设置粗格栅（50～100mm）或中格栅（10～40mm）。处理系统前设置中格栅或细格栅（3～10mm）。若泵站前格栅栅条间距≤25mm，污水处理系统前可不设置格栅。

栅渣清除方式与格栅拦截的栅渣量有关，当格栅拦截的栅渣量>$0.2m^3/d$时，一般采用机械清渣方式；栅渣量<$0.2m^3/d$时，可采用人工清渣方式，也可采用机械清渣方式。机械清渣不仅可以改善劳动条件，而且利于提高自动化水平。

对每日截留污物量>1000kg 的格栅，有的附设栅渣粉碎装置，清除的污物就地粉碎，然后用水力输送到污泥处理系统，与污泥一并处置。格栅栅条的断面形状有正方形、圆形、矩形和半圆头矩形。其中圆形断面栅条的水力条件好，水流阻力小，但刚度较差，一般多采用矩形断面栅条。

第二节　沉砂池

沉砂池一般设在初沉池前，或泵站、倒虹管前。常用的沉砂池有平流沉砂池、曝气沉砂池、涡流式沉砂池和多尔沉砂池等。平流沉砂池构造简单，处理效果较好，工作稳定，但沉砂中夹杂一些有机物，易于腐化散发臭味，难以处置，并且对有机物包裹的砂粒去除效果不好。曝气沉砂池在曝气的作用下，颗粒之间产生摩擦，将包裹在颗粒表面的有机物摩擦去除掉，产生洁净的沉砂，同时提高颗粒的去除效率。涡流式沉砂池依靠电动机械转盘和斜坡式叶片，利用离心力将砂粒甩向池壁去除，并将有机物脱除。多尔沉砂池设置了一个洗砂槽，可产生洁净的沉砂。这三种沉砂池在一定程度上克服了平流沉砂池的缺点，但构造比平流沉砂池复杂。竖流式沉砂池通常用于去除较粗（粒径在0.6mm 以上）的砂粒，结构也比较复杂，目前生产中采用较少。实际工程一般多采用曝气沉砂池。

一、平流沉砂池

平流沉砂池实际上是一个比入流渠道和出流渠道宽而深的渠道，平面为长方形，横断面多为矩形。当污水流过时，由于过水断面增大，水流速度下降，污水中夹带的无机颗粒在重力的作用下下沉，从而达到分离水中无机颗粒目的。

平流沉砂池由入流渠、出流渠、闸板、水流部分及沉砂斗组成。图 2-4 为多斗式平流沉砂池。沉渣的排除方式有机械排砂和重力排砂两类。

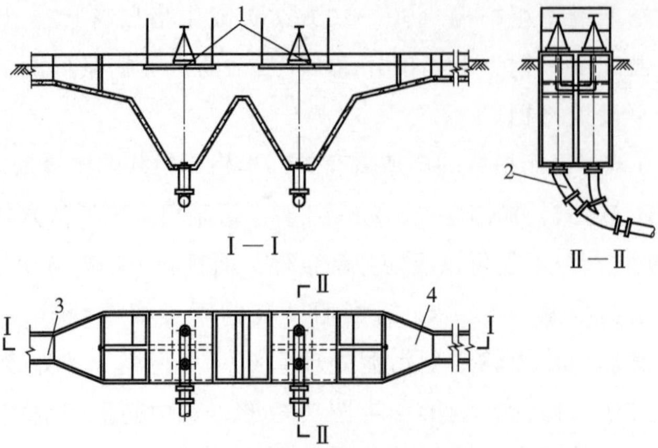

图 2-4　多斗式平流沉砂池

1—排砂阀门；2—排砂管；3—入流渠；4—出流渠

二、涡流式沉砂池

涡流式沉砂池是利用水力涡流原理除砂。沉砂的排除方式有 3 种，第 1 种是采用砂泵抽升；第 2 种是用空气提升器；第 3 种是在传动轴中插入砂泵，泵和电机设在沉砂池的顶部。涡流式沉砂池与传统的平流式曝气沉砂池相比，具有占地面积小，土建费用低的优点，对中小型污水处理厂具有一定的适用性。

涡流式沉砂池有多种池型，目前应用较多的有英国 Jones & Attwod 公司的钟式（Jeta）沉砂池（图 2-5）和美国 Smith & Loveless 公司的佩斯塔（Pista）沉砂池（图 2-6）。

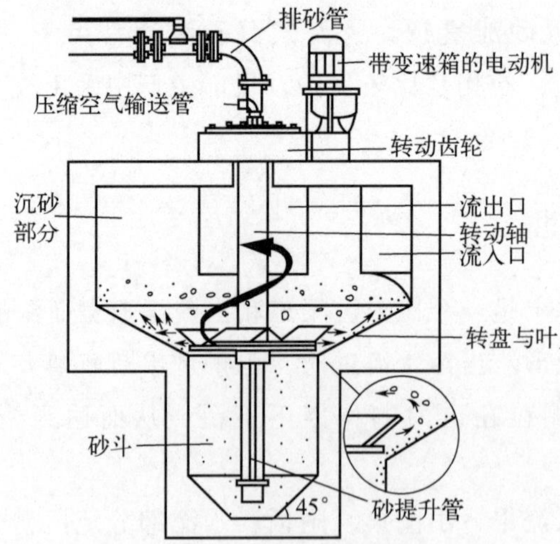

图 2-5　钟式沉砂池

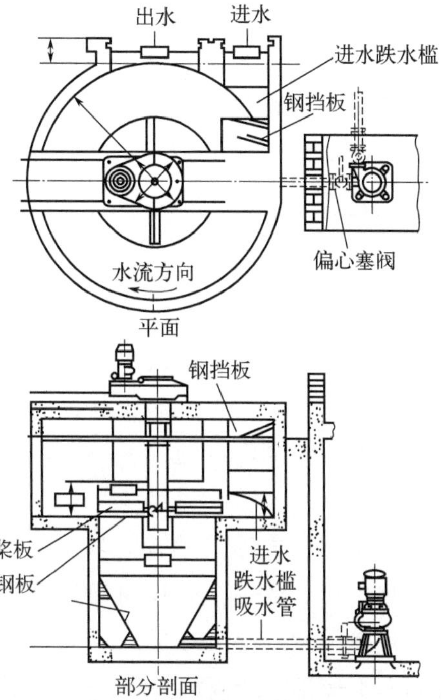

图 2-6　佩斯塔沉砂池

三、多尔沉砂池

多尔沉砂池结构上部为方形，下部为圆形，装有复耙提升坡道式筛分机。多尔沉砂池见图 2-7。

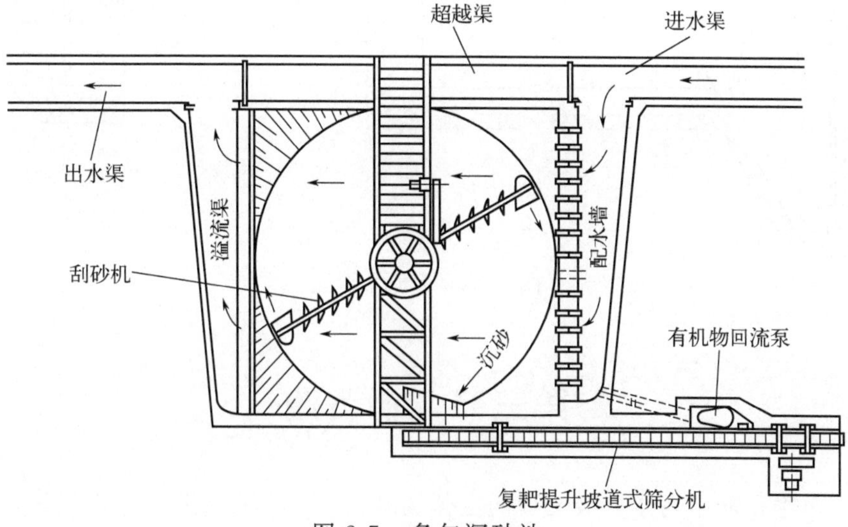

图 2-7　多尔沉砂池

多尔沉砂池属线形沉砂池，颗粒的沉淀是通过减小池内水流速度来完成的。为了保证分离出的砂粒纯净，利用复耙提升坡道式筛分机分离沉砂中的有机颗粒，分离出来的污泥和有机物再通过回流装置回流至沉砂池中。为确保进水均匀，多尔沉砂池一般采用穿孔墙进水，固定堰出水。多尔沉砂池分离出的砂粒比较纯净，有机物含量仅10%左右，含水率也比较低。

四、曝气沉砂池

普通沉砂池的最大缺点是在其截留的沉砂中夹杂有一些有机物，这些有机物的存在，使沉砂易于腐败发臭，夏季气温较高时尤甚，因此对沉砂的后处理和周围环境会产生不利影响。普通沉砂池的另一缺点是对有机物包裹的砂粒截留效果较差。

曝气沉砂池的平面形状为长方形，横断面多为梯形或矩形，池底设有沉砂斗或沉砂槽，一侧设有曝气管。曝气使颗粒间相互摩擦，剥离表面有机物，获得洁净沉砂并提升去除效率。

曝气沉砂池排除沉砂一般采用提砂设备或抓砂设备。曝气沉砂池见图2-8。

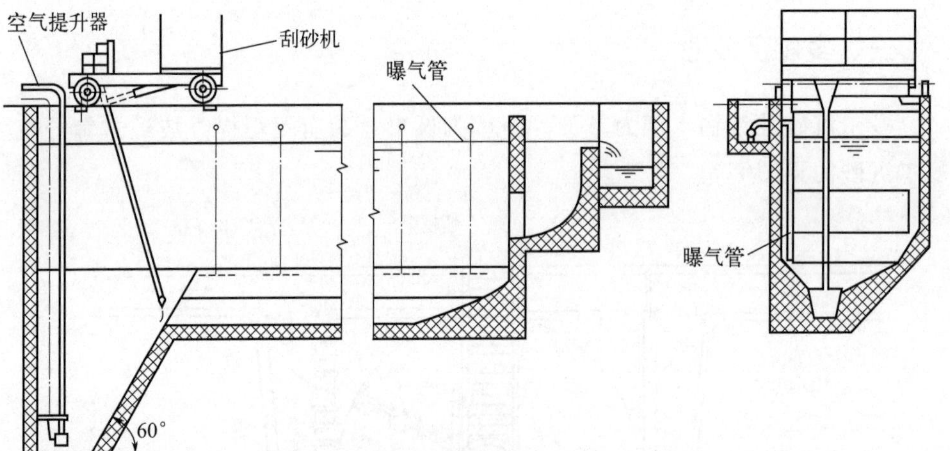

图2-8 曝气沉砂池

第三节 初沉池

初沉池是城市污水一级处理的主体构筑物，用于去除污水中可沉悬浮物。初沉池对可沉悬浮物的去除率在90%以上，并能将约10%的胶体物质由于黏附作用而去除，总的SS去除率为50%～60%，同时能够去除20%～30%的有机物。初沉池有平流沉淀池、竖流式沉淀池和辐流式沉淀池三种类型，城市污水处理厂一般采用平流沉淀池和辐流式沉淀池两种类型，当流量较小时也可采用竖流式沉淀池。

一、平流沉淀池

平流沉淀池平面呈矩形，一般由进水装置、出水装置、沉淀区、缓冲区、污泥区及排泥装置等构成。污水从池子的一端流入，按水平方向在池内流动，从另一端溢出，在进口处的底部设贮泥斗。排泥方式有机械排泥和多斗排泥两种，机械排泥多采用链条式刮泥机和桥式刮泥机。桥式刮泥机平流沉淀池如图2-9所示。

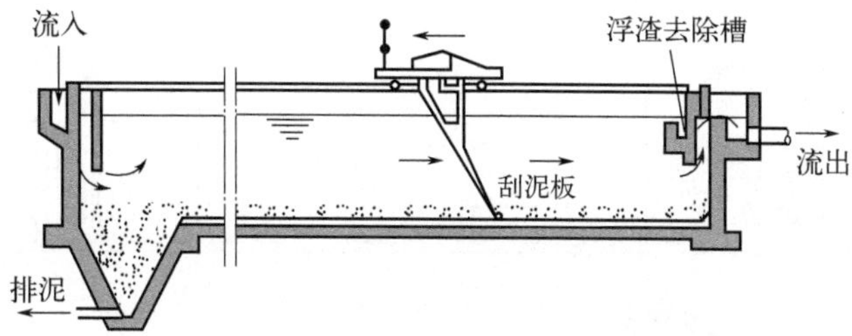

图2-9 桥式刮泥机平流沉淀池

流入装置是横向潜孔，潜孔均匀地分布在整个宽度上，在潜孔前设挡板，其作用是消能，使污水均匀分布。挡板高出水面0.15～0.2m，伸入水下的深度≥0.2m。也有潜孔横放的流入装置。

流出装置多采用自由堰型式，堰前设挡板，以阻拦浮渣，或设浮渣收集和排除装置。出流堰是沉淀池的重要部件，不仅控制沉淀池内水面的高程，而且对沉淀池内水流的均匀分布有着直接影响。单位长度堰口的溢流量必须相等。此外，在堰的下游还应有一定的自由落差，因此对堰的施工必须是精心的，尽量做到平直，少生误差。有时为了增加堰口长度，在池中间部增设集水槽。

目前多采用如图2-10所示的锯齿形溢流堰，这种溢流堰易于加工，也比较容易保证出水均匀。水面应位于齿高度的1/2处。

及时排除池底的污泥是保障沉淀池正常运行和出水水质的重要措施。由于可沉悬浮颗粒多沉淀于沉淀池的前部，因此，在池的前部设贮泥斗，其中的污泥通过排泥管借1.5～2.0m的静水压力排出池外，池底坡度一般为0.01～0.02。

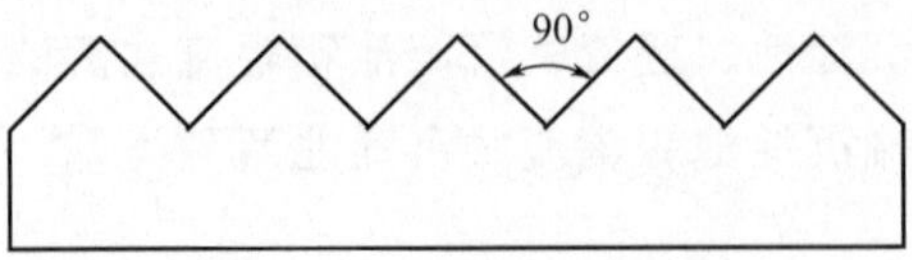

图 2-10　锯齿形溢流堰

图 2-11 所示是采用比较广泛的设有链条式刮泥机的平流沉淀池。在池底部，链条缓缓地沿与水流相反的方向滑动，刮板嵌于链条上，在滑动中将池底沉泥推入贮泥斗中，而在其移到水面时，又将浮渣推到出口集中清除。这种设备的主要缺点是各种机件都在水下，易被腐蚀，且维护困难。

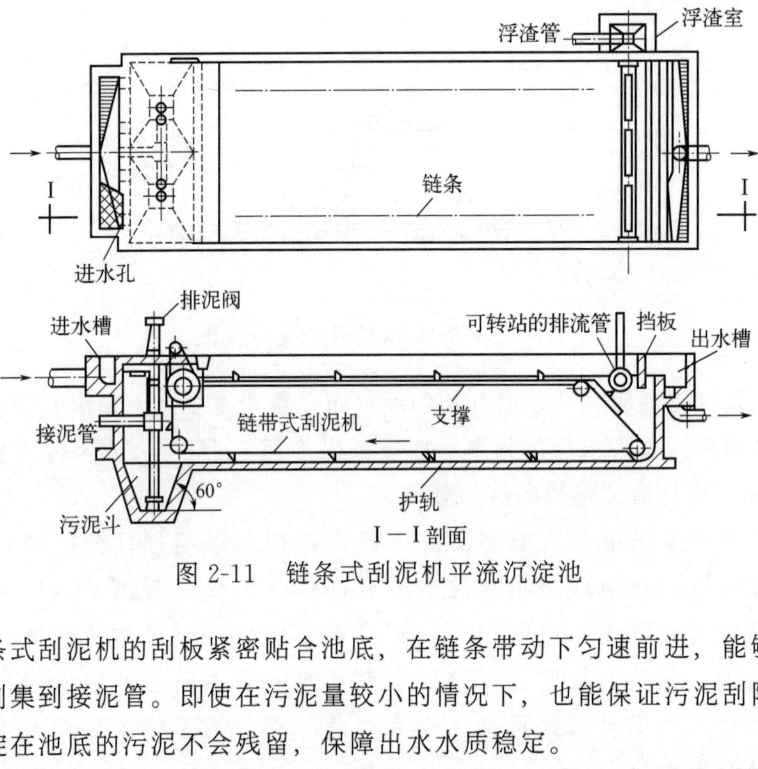

图 2-11　链条式刮泥机平流沉淀池

链条式刮泥机的刮板紧密贴合池底，在链条带动下匀速前进，能够将池底的污泥刮集到接泥管。即使在污泥量较小的情况下，也能保证污泥刮除彻底，确保沉淀在池底的污泥不会残留，保障出水水质稳定。

图 2-12 所示为多斗式平流沉淀池。这种平流沉淀池不用机械刮泥设备，每个贮泥斗单独设排泥管，各自独立排泥，能够互不干扰，保证沉淀浓度。

平流沉淀池沉淀效果好，对冲击负荷和温度变化适应性强，而且平面布置紧凑，施工方便，但配水不易均匀，采用机械排泥时设备易腐蚀。若采用多斗排泥时，排泥不易均匀，操作工作量大。

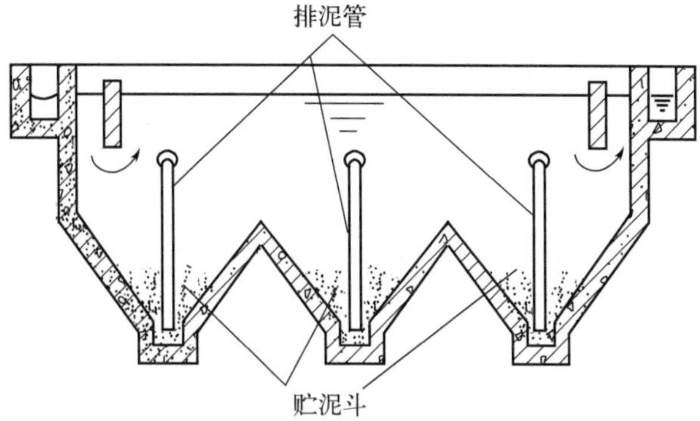

图 2-12　多斗式平流沉淀池

二、辐流式沉淀池

辐流式沉淀池一般为圆形，也有正方形的。圆形辐流式沉淀池的直径一般在 20～30m 之间，变化幅度可为 6～60m，最大可达 100m，池中心深度为 2.5～5.0m，池周深度则为 1.5～3.0m。按进出水的形式可分为中心进水周边出水、周边进水中心出水和周边进水周边出水 3 种类型。中心进水周边出水辐流式沉淀池应用最为广泛。

1. 中心进水周边出水辐流式沉淀池

图 2-13 所示为中心进水周边出水辐流式沉淀池。主要由进水管、出水管、沉淀区、污泥区及排泥装置组成。在池中心处设中心管，污水从池底的进水管进入中心管，在中心管的周围常用穿孔挡板围成流入区，使污水在沉淀池内得以均匀流动。流出区设于池周，由于平口堰不易做到严格水平，所以采用三角堰或淹没式溢流孔。为了拦截表面上的漂浮物质，在出流堰前设挡板和浮渣的收集、排出设备。

中心进水周边出水辐流式沉淀池污水从池中心处流出，沿半径的方向向池周流动，因此其水力特征是污水的流速由大向小变化。

辐流式沉淀池一般均采用机械刮泥，刮泥板固定在桁架上，桁架绕池中心缓慢旋转，把沉淀污泥推入池中心处的污泥斗中，然后借静水压力排出池外，也可以用污泥泵排泥。当池子直径＜20m 时，一般采用中心传动的刮泥机，当池子直径＞20m 时，一般采用周边传动的刮泥机。刮泥机旋转速度一般为 1～3r/h，外周刮泥板的线速度不超过 3m/min，一般采用 1.5m/min。池底坡度一般采用 0.05～0.10，中央污泥斗的斜壁与水平面的倾角，方斗不宜＜60°，圆斗不宜＜55°。二沉池污泥多采用吸泥机排出。

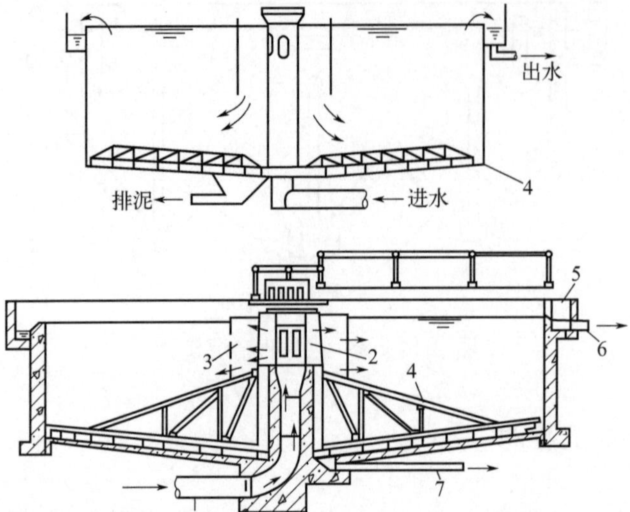

图 2-13　中心进水周边出水辐流式沉淀池

1—进水管；2—中心管；3—穿孔挡板；4—刮泥机；5—出水槽；6—出水管；7—排泥管

2. 周边进水辐流式沉淀池

周边进水辐流式沉淀池有周边进水中心出水辐流式沉淀池（图 2-14）和周边进水周边出水辐流式沉淀池（图 2-15）。

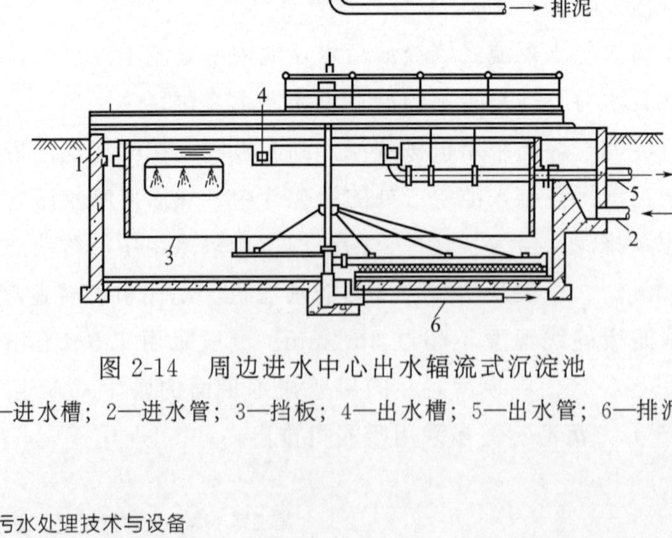

图 2-14　周边进水中心出水辐流式沉淀池

1—进水槽；2—进水管；3—挡板；4—出水槽；5—出水管；6—排泥管

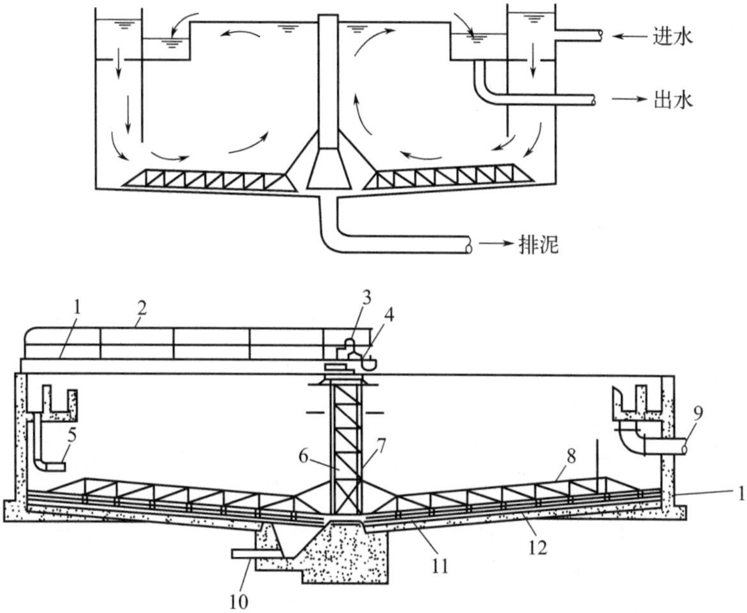

图 2-15 周边进水周边出水辐流式沉淀池

1—过桥；2—栏杆；3—传动装置；4—转盘；5—进水下降管；6—中心支架；7—传动器罩；8—桁架式耙架；9—出水管；10—排泥管；11—刮泥板；12—可调节的橡皮刮板

中心进水辐流式沉淀池污水是从中心进入而在池四周出流，进口处流速很大，呈紊流现象，这时原污水中悬浮物质浓度高，紊流状态阻碍了下沉，影响沉淀池的分离效果。而周边进水辐流式沉淀池与此恰恰相反，原污水从池周流入，澄清水则从池中心流出，在一定程度能够克服上述缺点。

周边进水辐流式沉淀池原污水流入位于池周的进水槽中，在进水槽底留有进水孔，原污水再通过进水孔均匀地进入池内，在进水孔的下侧设有进水挡板，伸入水面下约 2/3 处，这样有助于均匀配水。而且原污水进入沉淀区的流速要小得多，有利于悬浮颗粒的沉淀，能够提高沉淀率。这种沉淀池的处理能力比一般辐流式沉淀池高。

辐流式沉淀池的优点：

① 用于大型污水处理厂，沉淀池个数较少，比较经济，便于管理；

② 机械排泥设备已定型，排泥较方便。

辐流式沉淀池的缺点：

① 池内水流不稳定，沉淀效果相对较差；

② 排泥设备比较复杂，对运行管理要求较高；

③ 池体较大，对施工质量要求较高。

三、竖流式沉淀池

竖流式沉淀池的表面多呈圆形，也有采用方形和多角形的。直径或边长一般在 8m 以下，多在 4～7m 之间。沉淀池上部呈圆柱状的部分为沉淀区，下部呈截头圆锥状的部分为污泥区，在二区之间留有缓冲层 0.3m（图 2-16）。

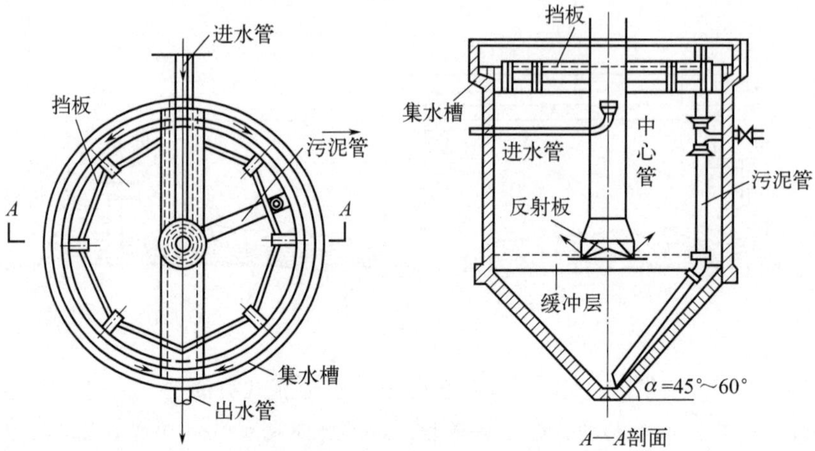

图 2-16　竖流式沉淀池

污水从中心管流入，由下部流出，通过反射板的阻拦向四周分布，然后沿沉淀区的整个断面上升，沉淀后的出水由池四周溢出。流出区设于池周，采用自由堰或三角堰。如果池子的直径＞7m，一般要考虑设径向集水槽。

贮泥斗倾角为 45°～60°，污泥借静水压力由排泥管排出，排泥管直径≥200mm，静水压力为 1.5～2.0mH_2O。为了防止漂浮物外溢，在水面距池壁 0.4～0.5m 处安装挡板，挡板伸入水中部分的深度为 0.25～0.3m，伸出水面高度为 0.1～0.2m。

竖流式沉淀池的优点：排泥容易，不需要机械刮泥设备，便于管理。缺点：池深大，施工难，造价高；每个池子的容量小，污水量大时不适用；水流分布不易均匀等。

竖流式沉淀池的工作原理与前两种沉淀池有所不同，污水以速度 v 向上流动，悬浮颗粒也以同一速度上升，在重力作用下，颗粒又以速度 u 下沉。颗粒的沉速为其本身沉速与水流上升速度之和。$v<u$ 的颗粒能够沉于池底而被去除；$v=u$ 的颗粒被截留在池内呈悬浮状态；$v>u$ 的颗粒则不能下沉，随水溢出池外。当属于第一类沉淀时，在负荷相同的条件下，竖流式沉淀池的去除率将低于其他类型的沉淀池。如果属于第二类沉淀则情况较为复杂，水流上升，颗粒下沉，颗粒互相碰撞、接触，促进颗粒的絮凝，使粒径变大，u 值也增大，同时有可能在池的深部形成悬浮层，其去除率很可能高于表面负荷相同的其他类型的沉淀池。但由于池内布水不易均匀，去除率的提高受到影响。

竖流式沉淀池污水上升速度一般采用 0.5～1.0mm/s。沉淀时间<2h，多采用 1～1.5h。

第三章

生物处理方法及处理构筑物

第一节　活性污泥法及处理构筑物

一、活性污泥法的基本原理

活性污泥法是以活性污泥为主体的污水生物处理技术，是污水自净的人工强化。

（一）活性污泥法基本概念与工艺流程

活性污泥法是以活性污泥为主体的污水生物处理技术。活性污泥主要是由大量繁殖的微生物群体所构成，易于沉淀与水分离，并能使污水得到净化、澄清。

图 3-1 所示为活性污泥法处理系统工艺流程。处理系统是以活性污泥反应器——曝气池作为核心处理设备，此外还有二沉池、污泥回流系统、曝气系统与空气扩散系统。

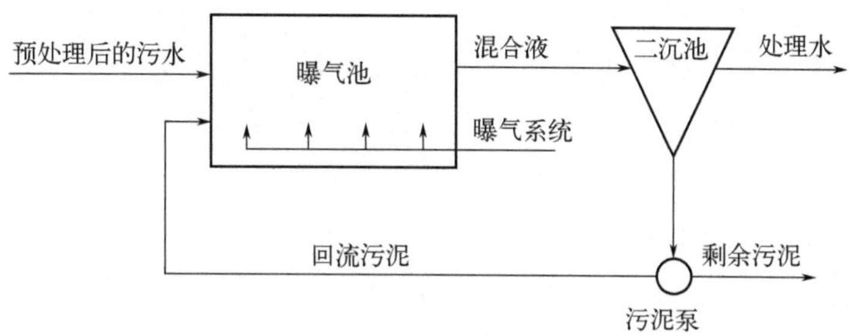

图 3-1　活性污泥法处理系统工艺流程
（传统活性污泥法系统）

在投入正式运行前，在曝气池内必须进行以污水作为培养基质的活性污泥培养与驯化工作。经初沉池或水解酸化装置处理后的污水从一端进入曝气池，与此同时，从二沉池连续回流的活性污泥作为接种污泥，也同步进入曝气池。曝气池内设有空气管和空气扩散装置。由鼓风机房送来的压缩气，通过铺设在曝气池底部的空气扩散装置对混合液曝气，使曝气池内混合液得到充足的氧气并处于充分混合状态。活性污泥与污水互相混合、充分接触，使污水中的可溶性有机污染物先被活性污泥吸附，再被其微生物群体降解，使污水得到净化。

完成净化过程后，混合液流入二沉池，经过沉淀，混合液中的活性污泥与已被净化的污水分离，处理水从二沉池排放，活性污泥在沉淀池的污泥区受重力浓缩，并以较高的浓度由二沉池的刮（吸）泥机收集流入回流污泥集泥池。回流泵连续不断地回流污泥，使活性污泥在曝气池和二沉池之间不断循环，始终维持曝气池中混合液的活性污泥浓度，保证来水得到持续的处理。微生物在降解 BOD 时，一方面生成 H_2O 和 CO_2 等代谢产物；另一方面自身不断增殖，系统中出现剩余污泥，需要向外排泥。

（二）活性污泥的组成与作用

1. 活性污泥的组成

活性污泥是活性污泥处理系统中的主体作用物质。正常的处理城市污水的活性污泥的外观为黄褐色的絮绒颗粒状，粒径为 0.02～0.2mm，单位表面积可达 2～10m²/L，相对密度为 1.002～1.006，含水率在 99%以上。

在活性污泥上栖息着具有强大生命力的微生物群体。这些微生物群体主要由细菌和原生动物组成，也有真菌和以轮虫为主的后生动物。

活性污泥的固体物质含量仅占 1%以下，由 4 部分组成：

① 具有活性的生物群体（M_a）；

② 微生物自身氧化残留物（M_e），这部分物质难生物降解；

③ 原污水中不能为微生物降解的惰性有机物质（M_i）；

④ 原污水挟入并附着在活性污泥上的无机物质（M_{ii}）。

2. 活性污泥微生物及其在活性污泥反应中的作用

细菌是活性污泥净化功能最活跃的成分，污水中可溶性有机污染物直接为细菌所摄取，并被代谢分解为无机物，如 H_2O 和 CO_2 等。

活性污泥处理系统中的真菌是微小腐生或寄生的丝状菌，这种真菌具有分解碳水化合物、脂肪、蛋白质及其他含氮化合物的功能，但若大量异常增殖会导致污泥膨胀。

在活性污泥中存活的原生动物有肉足虫、鞭毛虫和纤毛虫 3 类，最常见的纤毛类原生动物是钟虫，原生动物的主要摄食对象是细菌，因此，活性污泥中的原生动物能够不断地摄食水中的游离细菌，起到进一步净化水质的作用。原生动物是活性污泥系统中的指示性生物，当活性污泥出现原生动物，如钟虫、等枝虫、独缩虫、聚缩虫和盖纤虫等，说明处理水水质良好。

后生动物（主要指轮虫）捕食原生动物，在活性污泥系统中出现频率较低，仅在处理水质优异的完全氧化型的活性污泥系统，如延时曝气活性污泥系统中才出现，因此轮虫出现是水质非常稳定的标志。

在活性污泥处理系统中，净化污水的第一承担者也是主要承担者是细菌，而摄食处理中游离细菌，使污水进一步净化的原生动物则是污水净化的第二承担者。原生动物摄取细菌，是活性污泥生态系统的初级捕食者。后生动物摄食原生动物，则是生态系统的第二次捕食者。

（三）活性污泥净化污水的过程与活性污泥的增长

1. 活性污泥净化污水的过程

活性污泥净化污水主要通过 3 个阶段来完成。

(1) 第一阶段　污水主要通过活性污泥的吸附作用而得到净化。吸附作用进行十分迅速，一般在 30min，BOD_5 去除率可高达 70%。同时还具有部分氧化作用，但吸附是主要作用。

(2) 第二阶段　也称氧化阶段，主要是继续分解氧化前阶段被吸和吸收的有机物，同时继续吸附一些残余的溶解物质。这个阶段进行相当缓慢。实际上，曝气池的大部分容积都用于有机物的氧化和微生物细胞物质的合成。氧化作用在污泥同有机物开始接触时进行得最快，随着有机物逐渐被消耗掉，氧化速率逐渐降低。因此如果曝气过分，活性污泥进入自身氧化阶段时间过长，回流污泥进入曝气池后初期所具有的吸附去除效果就会降低。

(3) 第三阶段　是泥水分离阶段。在这一阶段中，活性污泥在二沉池之中进行沉淀分离。只有将活性污泥从混合液中去除才能实现污水的完全净化处理。

2. 活性污泥微生物的增殖与活性污泥的增长

在活性污泥微生物的代谢作用下，污水中的有机物得到降解、去除，与此同步产生的则是活性污泥微生物本身的增殖和随之而来的活性污泥的增长。控制污泥增长的关键因素是有机底物量（F）与微生物量（M）的比值 F/M，也即活性污泥的有机负荷。同时受有机底物降解速率、氧利用速率和活性污泥的凝聚、吸附性能等因素有关。

活性污泥微生物增殖与活性污泥的增长分为适应期、对数增殖期、减衰增殖期和内源呼吸期。图 3-2 为活性污泥增长曲线。

（四）活性污泥性能指标

活性污泥性能指标主要有两类：一类是表示混合液中活性污泥微生物量的

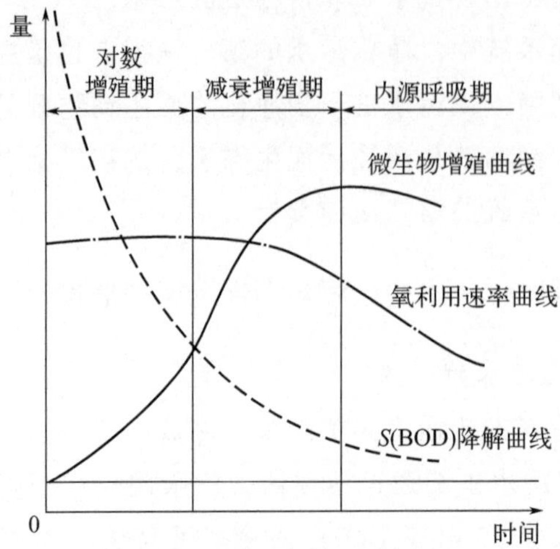

图 3-2　活性污泥增长曲线

指标；另一类是表示活性污泥的沉降性能的指标。

1. 表示混合液中活性污泥微生物量的指标

这类指标主要有混合液悬浮固体浓度（MLSS）和混合液挥发性悬浮固体浓度（MLVSS）。

（1）混合液悬浮固体浓度（MLSS）　又称混合液污泥浓度，表示曝气池单位容积混合液内所包含的活性污泥固体物的总质量，即：

$$\text{MLSS}=M_a+M_e+M_i+M_{ii} \tag{3-1}$$

常用单位为 mg/L。符号说明见本章第一节部分。

由于 M_a 只占其中一部分，因此，用 MLSS 表征活性污泥微生物量存在一些误差。但 MLSS 容易测定，且在一定条件下，M_a 在 MLSS 中所占比例较为固定，故为常用。

（2）混合液挥发性悬浮固体浓度（MLVSS）　表示混合液活性污泥中有机固体物质的浓度，即：

$$\text{MLVSS}=M_a+M_e+M_i \tag{3-2}$$

MLVSS 能够较准确地表示微生物数量，但其中仍包括 M_e 及 M_i 等惰性有机物质。因此无法精确表示活性污泥微生物量，仅能反映其相对值。

MLSS 和 MLVSS 都是表示活性污泥中微生物量的相对指标，MLVSS/MLSS 在一定条件下较为固定。对于城市污水，该值在 0.75 左右。

2. 表示活性污泥沉降性能的指标

这类指标主要有污泥沉降比（SV）和污泥容积指数（SVI）。

（1）污泥沉降比（SV）　又称 30min 沉淀率，表示混合液在量筒内静置

30min 后所形成的沉淀污泥与原混合液的体积比，以%表示。

污泥沉降比（SV）能够反映正常运行曝气池的活性污泥量，可用于控制与调节剩余污泥的排放量，还能通过它及时地发现污泥膨胀等异常现象。城市污水处理一般将 SV 控制在 20%～30%之间。

（2）污泥容积指数（SVI） 简称污泥指数，指曝气池出口处混合液经 30min 静沉后，1g 干污泥所形成的沉淀污泥所占有的容积，以 mL 计。

污泥容积指数（SVI）的计算式为：

$$\mathrm{SVI}=\frac{\text{混合液(1L) 30min 静沉形成的活性污泥容积(mL)}}{\text{混合液(1L) 中悬浮固体干重(g)}}=\frac{\mathrm{SV}\times 10(\mathrm{mL/L})}{\mathrm{MLSS(g/L)}} \tag{3-3}$$

SVI 的单位为 mL/g，工程应用中常仅标注数值而省略单位。

SVI 较 SV 更好地反映了污泥的沉降性能。其值过低，说明活性污泥无机成分多，泥粒细小密实；其值过高则表明污泥沉降性能不好。城市污水处理的 SVI 值介于 50～150 之间。

3. 污泥龄（SRT）

污泥龄是曝气池内活性污泥总量与每日排放剩余污泥量的比值，单位是日。在运行稳定时，剩余污泥量也就是新增长的污泥量，因此污泥龄也就是新增长的污泥在曝气池中平均停留时间，或污泥增长一倍平均所需要的时间。

二、活性污泥法基本处理工艺

1. 传统活性污泥法

传统活性污泥法又称普通活性污泥法或推流式活性污泥法，是最早成功应用的运行方式，其他活性污泥法都是在其基础上发展而来的。曝气池呈长方形，污水和回流污泥一起从曝气池的首端进入，在曝气和水力条件的推动下，污水和回流污泥的混合液在曝气池内呈推流形式流动至池的末端，流出池外进入二沉池。在二沉池中处理后的污水与活性污泥分离，部分污泥回流至曝气池，部分污泥则作为剩余污泥排出系统。推流式曝气池一般建成廊道型，为避免短路，廊道的长宽比一般不小于 5:1，根据需要，有单廊道、双廊道或多廊道等形式。曝气方式可以采用机械曝气，也可以采用鼓风曝气。传统活性污泥法工艺流程见图 3-3。

传统活性污泥法的特征是曝气池前段液流和后段液流不发生混合，污水浓度自池首至池尾呈逐渐下降的趋势，需氧率沿池长逐渐降低。因此有机物降解

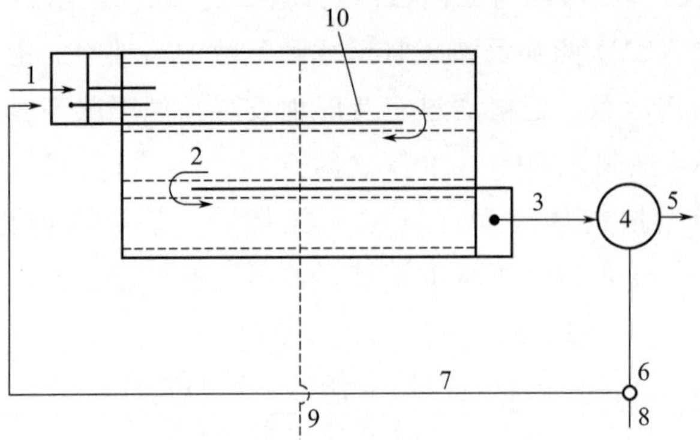

图 3-3 传统活性污泥法工艺流程

1—预处理后的污水；2—活性污泥反应器——曝气池；3—从曝气池流出的混合液；4—二沉池；5—处理后污水；6—污泥泵站；7—回流污泥系统；8—剩余污泥；9—来自空压机站的空气；10—曝气系统与空气扩散装置

反应的推动力较大，效率较高。曝气池需氧率沿池长逐渐降低，尾端溶解氧一般处于过剩状态，在保证末端溶解氧正常的情况下，前段混合液中溶解氧含量可能不足。

传统活性污泥法的主要优点如下。

① 处理效果好，BOD 去除率可达 90%以上，适用于处理净化程度和稳定程度较高的污水。

② 根据具体情况，可以灵活调整污水处理程度的高低。

③ 进水负荷升高时，可通过提高污泥回流比的方法予以解决。

传统活性污泥法的主要缺点如下。

① 曝气池首端有机污染物负荷高，耗氧速度也高，为了避免由于缺氧形成厌氧状态，进水有机物负荷不宜过高，因此，曝气池容积大，占用的土地较多，基建费用高。

② 为避免曝气池首端混合液处于缺氧或厌氧状态，进水有机负荷不能过高，因此曝气池容积负荷一般较低。

③ 曝气池末端有可能出现供氧速率大于需氧速率的现象，动力消耗较大。

④ 运行效果易受水质、水量变化的影响。

2. 阶段曝气活性污泥法

阶段曝气活性污泥法也称分段进水活性污泥法或多段进水活性污泥法，是针对传统活性污泥法存在的弊端进行了一些改革的运行方式。本工艺与传统活性污泥法主要不同点是污水沿池长分段注入，使有机负荷在池内分布比较均衡，缓解了传统活性污泥法曝气池内供氧速率与需氧速率存在的矛盾。曝气方式一般采用鼓风曝气。阶段曝气活性污泥法工艺流程见图 3-4。

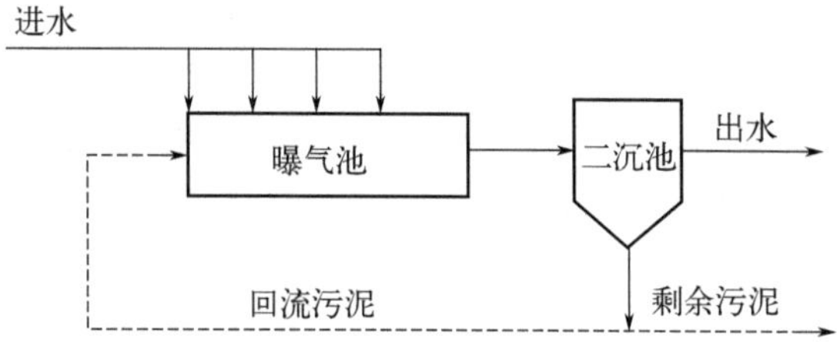

图 3-4　阶段曝气活性污泥法工艺流程

阶段曝气活性污泥法具有如下特点。

① 曝气池内供氧和需氧相对均衡，有助于降低供氧的能耗。

② 对水质、水量冲击负荷的适应能力好于传统活性污泥法。

③ 出流混合液的污泥浓度较低，减轻二次沉淀池的负荷，有利于提高二次沉淀池的沉淀效果。

阶段曝气活性污泥法分段注入曝气池的污水，若未能与原混合液充分混合，可能影响处理效果。

3. 吸附-再生活性污泥法

吸附-再生活性污泥法又称生物吸附法或接触稳定法，其工艺流程如图 3-5 所示。

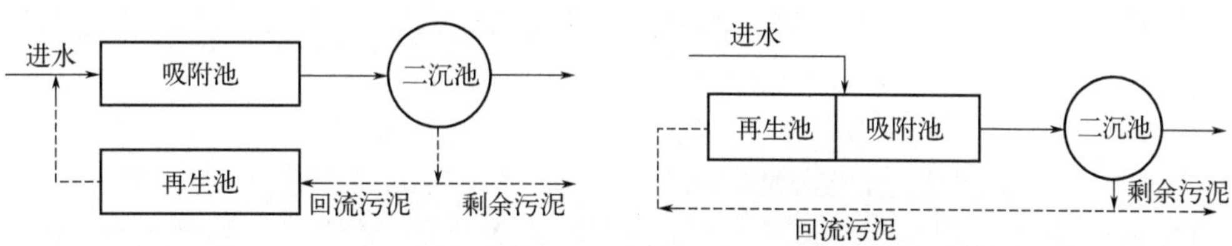

(a) 分建式吸附-再生活性污泥处理系统　　(b) 合建式吸附-再生活性污泥处理系统

图 3-5　吸附-再生活性污泥法工艺流程

吸附-再生活性污泥法主要是利用微生物的初期吸附作用去除有机污染物，其主要特点是将活性污泥对有机污染物降解的两个过程——吸附和代谢稳定，分别在各自反应器内进行。吸附池的作用是吸附污水中的有机物，使污水得到净化。再生池的作用是对污泥进行再生，使其恢复活性。

吸附-再生活性污泥法的工作过程：污水和经过再生、活性充分恢复的污泥一起进入吸附池，二者充分混合接触 15～60min 后，使部分呈悬浮、胶体和溶解性状态的有机污染物被活性污泥吸附，污水得到净化。从吸附池流出的混合液直接进入二沉池，经过一定时间的沉淀后，澄清水排放，污泥则进入再生池进行生物代谢活动，使有机物降解，微生物进入内源代谢期，污泥的活性、吸附功能得到充分恢复后，再与污水一起进入吸附池。

吸附-再生活性污泥法虽然分为吸附和再生两个部分，但污水与活性污泥在吸附池的接触时间较短，吸附池容积较小，而再生池接纳的只是浓度较高的回流污泥，因此再生池的容积也不大。吸附池与再生池的容积之和通常小于传统活性污泥法曝气池容积。

吸附-再生活性污泥法回流污泥量大，且大量污泥集中在再生池，当吸附池内活性污泥受到破坏后，可迅速引入再生池污泥进行补充，因此具有一定冲击负荷适应能力。

由于该方法主要依靠微生物的吸附去除污水中有机污染物，因此，去除率低于传统活性污泥法，而且不适用于溶解性有机污染物占比高的污水。曝气方式可以是机械曝气，也可以采用鼓风曝气。

4. *完全混合活性污泥法*

完全混合活性污泥法与传统活性污泥法最显著区别是采用了完全混合式曝气池。其特征是污水进入曝气池后，立即与回流污泥及池内原有混合液充分混合，池内混合液的组成，包括活性污泥数量及有机污染物的含量等均匀一致，而且池内各个部位都是相同的。曝气方式多采用机械曝气，也有采用鼓风曝气。完全混合活性污泥法的曝气池与二沉池可以合建也可以分建，比较常见的是合建式圆形池。图 3-6 为完全混合活性污泥法工艺流程图。

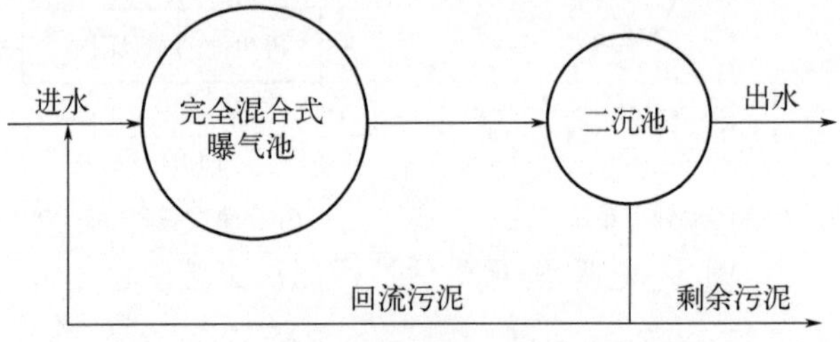

图 3-6　完全混合活性污泥法工艺流程

由于完全混合活性污泥法能够使进水与曝气池内的混合液充分混合，水质得到稀释、均化，曝气池内各部位的水质、污染物的负荷、有机污染物降解工况等都相同。因此，完全混合活性污泥法具有以下特点。

① 进水在水质、水量方面的变化对活性污泥产生的影响较小，也就是说这种方法对冲击负荷适应能力较强。

② 有可能通过对污泥负荷值的调整，将整个曝气池的工况控制在最佳条件，使活性污泥的净化功能得以良好发挥。在处理效果相同的条件下，其负荷率通常高于推流式曝气池。

③ 曝气池内各个部位的需氧量相同，能最大限度地节约动力消耗。

完全混合活性污泥法容易产生污泥膨胀现象，处理水质在一般情况下低于传统的活性污泥法。这种方法多用于工业废水的处理，特别是浓度较高的工业废水。

5. 延时曝气活性污泥法

延时曝气活性污泥法又称完全氧化活性污泥法。其主要特点是有机负荷率较低，生化反应时间长，活性污泥持续处于内源呼吸阶段，在降解水中有机物的同时，进一步氧化自身细胞物质，因此，剩余污泥量极少，理论上剩余污泥为零。延时曝气活性污泥法将污水好氧处理与污泥好氧稳定过程整合于同一系统。

在处理工艺方面，这种方法不用设初沉池，而且理论上也不用设二沉池，但考虑到出水中含有一些难降解的微生物内源代谢的残留物，因此，实际工程中仍需设置二沉池。

延时曝气活性污泥法处理出水水质好，稳定性高，对冲击负荷有较强的适应能力。另外，这种方法的水力停留时间较长，可以实现氨氮的硝化过程，达到去除氨氮目的。本工艺的不足是曝气时间长，占地面积大，基建费用和运行费用都较高。另外，进入二沉池的混合液因处于过氧化状态，出水中会含有不易沉降的活性污泥碎片。

延时曝气活性污泥法只适用于对处理水质要求较高、不宜建设污泥处理设施的小型生活污水或工业废水，处理水量不宜超过 $1000m^3/d$。

三、活性污泥法脱氮基本原理与主要工艺

氮和磷是生物体合成细胞所需要的营养物质。当大量含氮和磷废水排入湖泊、河口、海湾等水体，将引起藻类及其他浮游生物迅速繁殖，水体溶解氧下降，水质恶化，鱼类及其他生物大量死亡，此过程称为水体富营养化。为了防止发生水体富营养化，首先要控制营养物质（主要是氮和磷）进入水体。因此，对含氮和磷较高的废水要进行脱氮与除磷。

（一）生物脱氮基本原理

脱氮的方法较多，目前普遍采用的是生物脱氮。活性污泥法脱氮是生物脱

氮的主要技术之一，生物脱氮包括硝化和反硝化两个反应过程。硝化是污水中的氨氮在好氧条件下，通过好氧细菌（亚硝酸菌和硝酸菌）的作用，被氧化成亚硝酸盐（NO_2^-）和硝酸盐（NO_3^-）的反应过程。首先，由亚硝酸菌将氨氮转化为亚硝酸盐：

$$NH_4^+ + \frac{3}{2}O_2 \longrightarrow NO_2^- + 2H^+ + H_2O$$

再由硝酸菌将亚硝酸盐转化为硝酸盐：

$$NO_2^- + \frac{1}{2}O_2 \longrightarrow NO_3^-$$

反硝化即脱氮，是在缺氧条件下，通过脱氮菌的作用，将亚硝酸盐和硝酸盐还原成氮气的反应过程：

$$2NO_3^- + 10e^- + 12H^+ \longrightarrow N_2\uparrow + 6H_2O$$

试验表明：对污水首先通过 5～6h 的高强度曝气，可以完成硝化阶段；然后再使污水处于 4～5h 缺氧环境，脱氮率可达 80%以上。

活性污泥法脱氮是生物脱氮的其中一类。传统活性污泥法以降解 BOD 为主要功能，脱氮效率通常低于 15%。但是，将活性污泥法曝气池作进一步改进，使之具备好氧和缺氧条件即可达到脱氮目的。

（二）活性污泥法脱氮主要工艺

1. 活性污泥法脱氮传统工艺

活性污泥法脱氮的传统工艺是三级活性污泥法脱氮工艺，主要包括氨化、硝化和反硝化 3 个反应过程，工艺流程如图 3-7 所示。

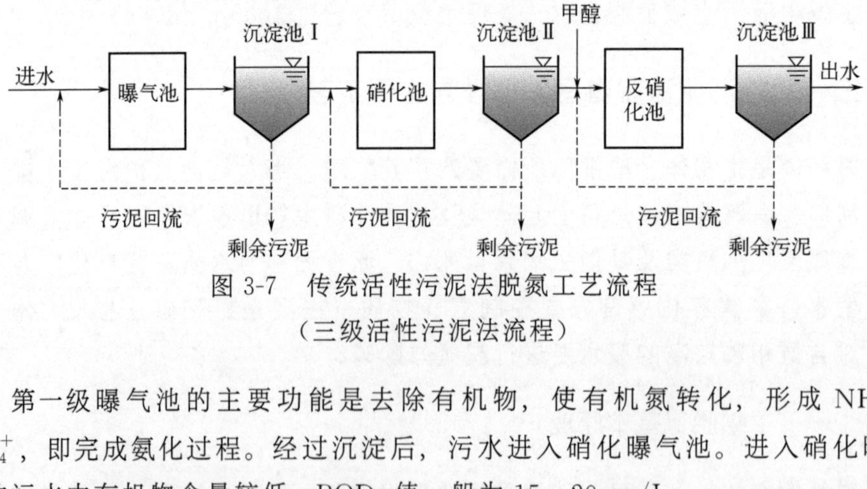

图 3-7 传统活性污泥法脱氮工艺流程

（三级活性污泥法流程）

第一级曝气池的主要功能是去除有机物，使有机氮转化，形成 NH_3、NH_4^+，即完成氨化过程。经过沉淀后，污水进入硝化曝气池。进入硝化曝气池的污水中有机物含量较低，BOD_5 值一般为 15～20mg/L。

第二级硝化池的主要功能是进行硝化反应，使 NH_3 及 NH_4^+ 氧化为 NO_3^--N。硝化反应要消耗碱度，因此，第二级硝化池需要投碱，以防 pH 值下降。

第三级反硝化池的主要功能是在缺氧条件下，将 NO_3^--N 还原为气态 N_2。由于有机物在前面反应中已经消耗了很多，因此，第三级反硝化池需要投加碳源（如甲醇）。

对于三级系统，为了去除由于投加甲醇（碳源）而带来的 BOD 值，需要设后曝气池去除因投加碳源产生的残留 BOD。

三级系统的优点是有机物降解菌、硝化菌、反硝化菌，分别在各自反应器内生长增殖，环境条件适宜，污泥回流系统独立，反应速率高且降解彻底，但处理设备多，造价高，管理不方便。

在实践中也可以将 BOD 去除和硝化两道反应过程放在统一的反应器内进行，形成如图 3-8 所示两级生物脱氮系统。

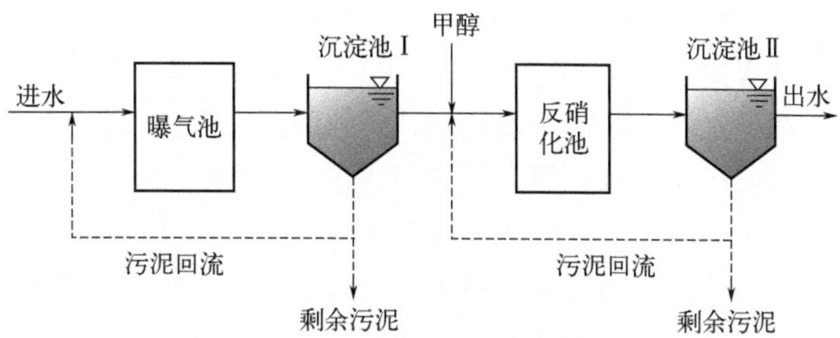

图 3-8　两级生物脱氮系统

2. 缺氧-好氧活性污泥法（A_1/O 法）

缺氧-好氧工艺具有同时去除有机物和脱氮的功能。具体做法是在常规的好氧活性污泥法处理系统前，增加一段缺氧生物处理过程，经过预处理的污水先进入缺氧段，然后再进入好氧段。好氧段的一部分硝化液通过内循环管道回流到缺氧段。缺氧段和好氧段可以分建，也可以合建。图 3-9 为分建式缺氧-好氧活性污泥处理系统。

A_1/O 法的 A 段在缺氧条件下运行，溶解氧应控制在 0.5mg/L 以下。缺氧段的作用是脱氮。在这里反硝化细菌以原水中的有机物作为碳源，以好氧段回流液中硝酸盐作为电子受体，进行反硝化反应，将硝态氮还原为气态氮（N_2），使污水中的氮去除。

好氧段的作用有两个：一是利用好氧微生物氧化分解污水中的有机物；二是利用硝化细菌进行硝化反应，将氨氮转化为硝态氮。由于硝化反应过程中要

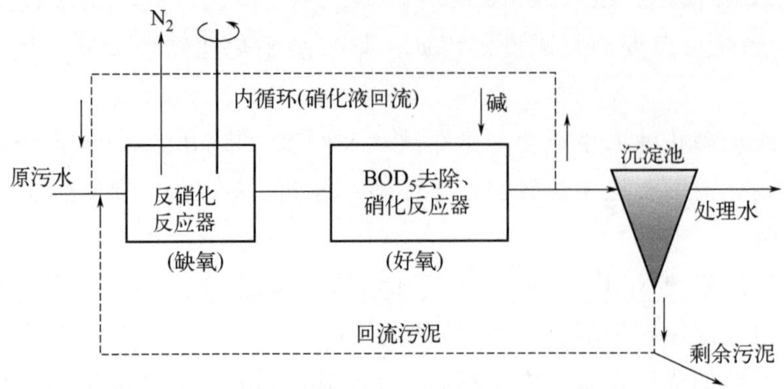

图 3-9　分建式缺氧-好氧活性污泥处理系统

消耗一定碱度，因此，在好氧段一般需要投碱，补偿硝化反应消耗的碱度。但在反硝化反应过程也能产生一部分碱度，因此，对于含氮浓度不高的城市污水可不必另行投碱以调节 pH 值。

A_1/O 法是生物脱氮工艺中流程比较简单的一种工艺，而且构筑物少，不必外加碳源，基建费用和运行费用都比较低。但本工艺的出水来自硝化曝气池，因此，出水中含有一定浓度的硝酸盐，如果沉淀池运行不当，在沉淀池内也会发生反硝化反应，导致污泥上浮并恶化出水水质。

另外，该工艺的脱氮效率取决于内循环量的大小，从理论上讲，内循环量越大，脱氮效果越好，但内循环量越大，运行费用就越高，而且缺氧段的缺氧条件也不好控制。因此，本工艺的脱氮效率通常难以稳定达到 90%。

四、活性污泥法除磷基本原理与主要工艺

（一）活性污泥法除磷基本原理

生物除磷是利用聚磷菌一类的微生物，能够过量地、在数量上超过其生理需要地从外部环境摄取磷，并将磷以聚合的形态贮藏在菌体内，形成高磷污泥，排出系统外，达到从污水中除磷的效果。生物除磷过程如下。

(1) 聚磷菌对磷的过剩摄取　在好氧条件下，聚磷菌不断地氧化分解其体内储存的有机物，同时也不断地从外部环境向其体内摄取有机物，在氧化分解过程中放出能量，能量为二磷酸腺苷（ADP）所利用，并结合 H_3PO_4 而合成三磷酸腺苷（ATP），即：

$$ADP + H_3PO_4 + 能量 \longrightarrow ATP + H_2O$$

除一小部分 H_3PO_4 是聚磷菌分解其体内聚磷酸盐而取得的，大部分

H_3PO_4 是聚磷菌从外部环境摄入体内的。摄入体内的 H_3PO_4 一部分用于合成 ATP，另一部分则用于合成聚磷酸盐。这就是磷的过剩摄取。

（2）聚磷菌的放磷　在厌氧条件下，聚磷菌体内的 ATP 发生水解，释放 H_3PO_4 和能量，形成 ADP，即：

$$ATP + H_2O \longrightarrow ADP + H_3PO_4 + \text{能量}$$

可以看出，聚磷菌具有在好氧条件下过剩摄取磷，在厌氧条件下释放磷的功能。这就是生物除磷技术理论基础。

（二）活性污泥法除磷主要工艺

厌氧-好氧活性污泥法（A_2/O 法）是生物除磷基本工艺。厌氧-好氧工艺具有同时去除有机物和除磷的功能。具体做法是在常规的好氧活性污泥法处理系统前，增加一段厌氧生物处理过程，经过预处理的污水与回流污泥（含磷污泥）一起进入厌氧段，然后再进入好氧段。回流污泥在厌氧段吸收一部分有机物，并释放出大量磷，进入好氧段后，污水中的有机物得到好氧降解，同时污泥将大量摄取污水中的磷，部分富磷污泥以剩余污泥的形式排出，实现磷的去除。图 3-10 为厌氧-好氧活性污泥处理系统。

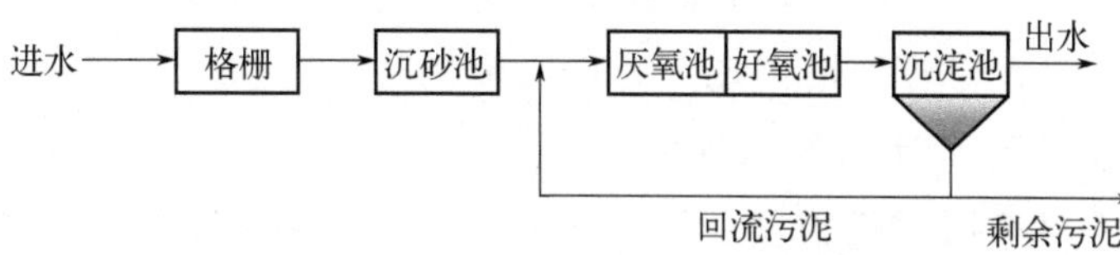

图 3-10　厌氧-好氧活性污泥处理系统

A_2/O 工艺除磷流程简单，不需投加化学药品，也不需要考虑内循环，因此建设费用及运行费用都较低。另外，厌氧段在好氧段之前，不仅可以抑制丝状菌的生长、防止污泥膨胀，而且有利于聚磷菌的选择性增殖。本工艺存在的问题是除磷效率较低，处理城市污水时的除磷效率通常在 75%左右。

（三）活性污泥法脱氮除磷主要工艺

1. 厌氧-缺氧-好氧活性污泥法（A^2/O 法）

厌氧-缺氧-好氧工艺不仅能够去除有机物，同时还具有脱氮和除磷的功能。具体做法是在 A/O 工艺基础上增加厌氧生物处理过程，经过预处理的污水与回流污泥（含磷污泥）一起进入厌氧段，再进入缺氧段，最后再进入好氧段。图 3-11 为厌氧-缺氧-好氧活性污泥系统。

厌氧段的首要功能是释放磷，同时部分有机物进行氨化。缺氧段的首要功

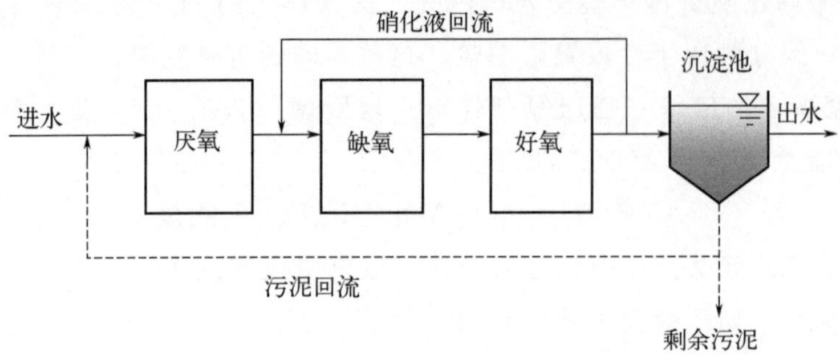

图 3-11 厌氧-缺氧-好氧活性污泥系统

能是脱氮，硝态氮是通过内循环由好氧反应器回流过来的，内循环比一般为200%（即 20)。好氧段是多功能的，包括去除有机物、硝化反应和过量吸收磷等。

A^2/O 法具有以下特点。

① 运行中不需要投药，厌氧段和缺氧段仅需维持低速搅拌，运行费用低。

② 在厌氧、缺氧、好氧交替运行条件下，丝状菌不能大量增殖，避免了污泥膨胀的问题，SVI 值一般均<100。

③ 工艺简单，总停留时间短，建设投资少。

A^2/O 法也存在如下待解决问题。

① 除磷效果难以再行提高。除磷效果主要依靠排泥，但污泥增长有一定的限度，提高难度大，特别是当 P/BOD 值高时更是如此。

② 脱氮效果也难以进一步提高，混合液的内循环量不宜太高，一般以 2Q 为限（Q 为原污水流量)。

2. 改良厌氧-缺氧-好氧活性污泥法（改良的 A^2/O 法）

对于 A^2/O 工艺，由于生物脱氮效率不可能达到 100%，一般情况下不超过 85%，出水中总会有相当数量的硝态氮，这些硝态氮随回流污泥进入厌氧区，将优先夺取污水中易生物降解有机物，使聚磷菌缺少碳源，失去竞争优势，降低除磷效果。在进水碳源不足的情况下，这种现象尤为明显。针对该问题，研究人员开发了改良 A^2/O 工艺。其改良之处：在普通 A^2/O 工艺前增设前置反硝化段，全部回流污泥与 10%～30%（根据实际情况进行调节）的进水进入前置反硝化段中，剩下 70%～90%的水量进入厌氧段。主要目的是利用少量进水中的易降解有机物作碳源去除回流污泥中的硝态氮，从而为后续厌氧段聚磷菌的磷释放创造良好的环境，强化生物除磷效果。

改良 A^2/O 工艺流程见图 3-12。

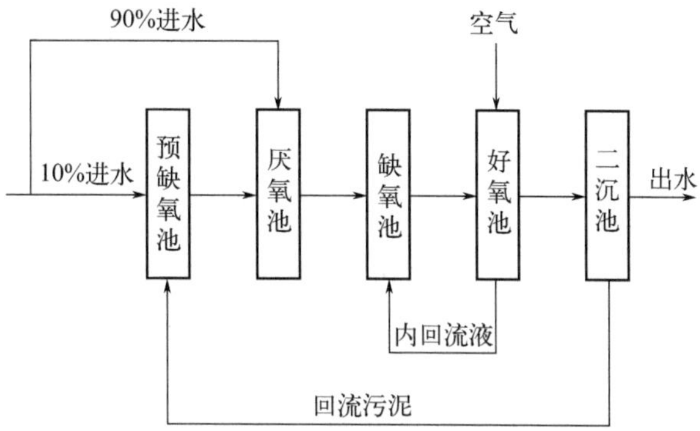

图 3-12　改良 A^2/O 工艺流程

3. 倒置 A^2/O 工艺

倒置 A^2/O 工艺主要是针对缺氧反硝化碳源不足而改进设计的，其工艺流程见图 3-13。

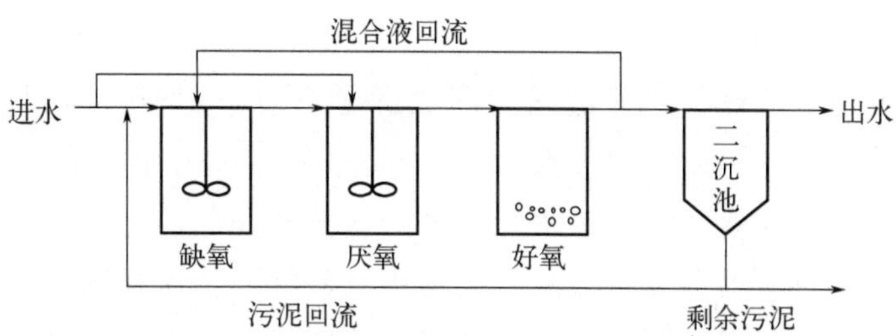

图 3-13　倒置 A^2/O 工艺流程

倒置是指将缺氧池置于厌氧池前，来自二沉池的回流污泥、全部进水或部分进水，以及 50%～150% 的混合液回流均进入缺氧段，将碳源优先用于脱氮。缺氧池内碳源充足，回流污泥和混合液在缺氧池内进行反硝化，去除硝态氧，再进入厌氧段，保证厌氧池的厌氧状态，强化除磷效果。由于污泥回流至缺氧段，缺氧段污泥浓度较好氧段高出 50%，单位池容的反硝化速率明显提高，反硝化作用能够得到有效保证。

4. UCT 工艺

UCT 工艺主要是为了避免硝酸盐干扰释磷问题而提出的，其工艺流程见图 3-14。

回流污泥首先进入缺氧池脱氮，缺氧段部分出流混合液再回至厌氧段。通过这样的修正，可以避免因回流污泥中的 NO_x-N 回流至厌氧段，干扰释磷而降低磷的去除率。

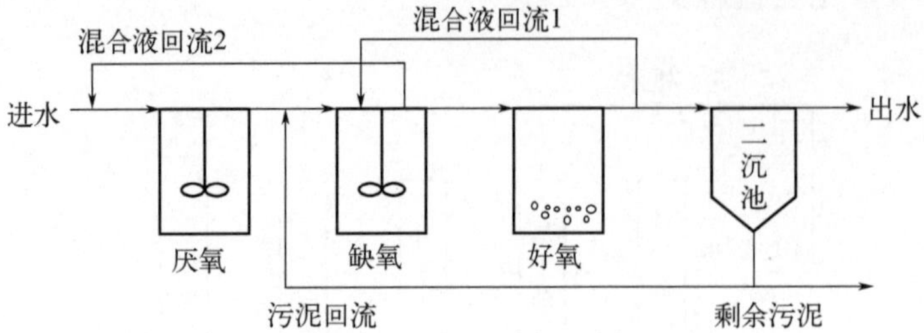

图 3-14　UCT 工艺流程

五、曝气池和二沉池

（一）曝气池的类型

活性污泥法的核心处理构筑物是曝气池。曝气池是活性污泥与污水充分混合接触，将污水中有机物吸收并分解的生化场所。根据混合液的流动形态，曝气池可以分为推流式、完全混合式和循环混合式 3 种方式。

1. 推流式曝气池

一般采用矩形池体，经导流隔墙形成廊道布置，廊道长度以 50～70m 为宜，也有长达 100m。污水与回流污泥从一端流入，水平推进，经另一端流出。其特点是：进入曝气池的污水及回流污泥按时间先后互不相干，污水在池内的停留时间相同，不会发生短流，出水水质较好。推流式曝气池多采用鼓风曝气系统，但也可以考虑采用表面机械曝气装置。采用表面机械曝气装置时，混合液在曝气池内的流态就每台曝气装置的服务面积来讲完全混合，但就整体廊道而言又属于推流。这种情况下，相邻两台曝气装置的旋转方向应相反，否则两台装置之间的水流相互冲突，可能形成短路。

2. 完全混合式曝气池

完全混合式曝气池的混合液在池内充分混合循环流动，因而污水与回流污泥进入曝气池立即与池中所有混合液充分混合，使有机物浓度因稀释而迅速降至最低值。其特点是对入流水质水量的适应能力强，但受曝气系统混合能力的限制，池型和池容都需符合规定，当搅拌混合效果不佳时易发生短流。

完全混合式曝气池多采用表面机械曝气装置。在完全混合曝气池中，合建式完全混合曝气沉淀池（简称曝气沉淀池）为首选。其主要特点是曝气反应与沉淀在同一构筑物内完成。曝气沉淀池有多种结构形式，图 3-15 所示为其中的一种。曝气沉淀池在表面上多呈圆形，偶见方形或多边形。

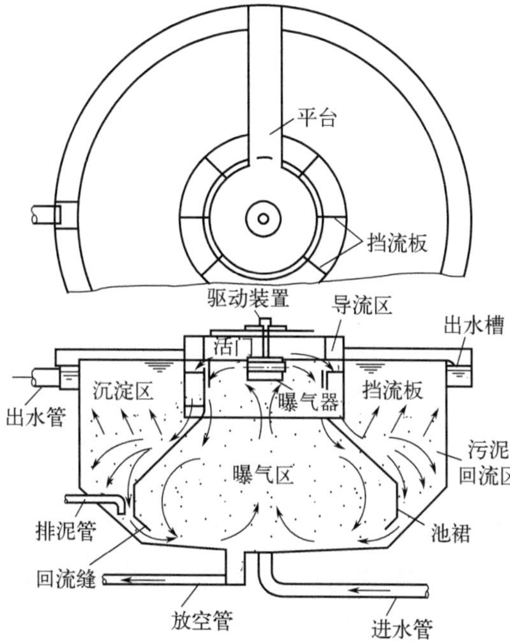

图 3-15　圆形曝气沉淀池

由于城市污水水质水量比较均匀，可生化性好，不会对曝气池造成很大冲击，故基本上采用推流式。相比而言，完全混合式适合于处理工业废水。

3. 循环混合式曝气池

典型循环混合式曝气池主要是氧化沟。氧化沟是平面呈椭圆环形或环形的封闭沟渠，混合液在闭合的环形沟道内循环流动，混合曝气。入流污水和回流污泥进入氧化沟中参与环流并得到稀释和净化，与入流污水及回流污泥总量相同的混合液从氧化沟出口流入二沉池。处理水从二沉池出水口排放，底部污泥回流至氧化沟。氧化沟不仅有外部污泥回流，而且还有极大的内回流。因此，氧化沟是一种介于推流式和完全混合式之间的曝气池形式，综合了推流式与完全混合式优点。氧化沟不仅能够用于处理生活污水和城市污水，也可用于处理食品、造纸等多种工业废水。处理深度也在加深，不仅用于生物处理，也用于二级强化生物处理。氧化沟的类型很多，在城市污水处理中，采用较多的有卡鲁塞尔氧化沟、T 型氧化沟和 DE 型氧化沟。普通氧化沟见图 3-16。

（二）二沉池

二沉池的作用是将活性污泥与处理水分离，并将沉泥加以浓缩。目前城市污水处理厂多采用辐流式沉淀池和斜板（管）沉淀池。由于二沉池所分离的污

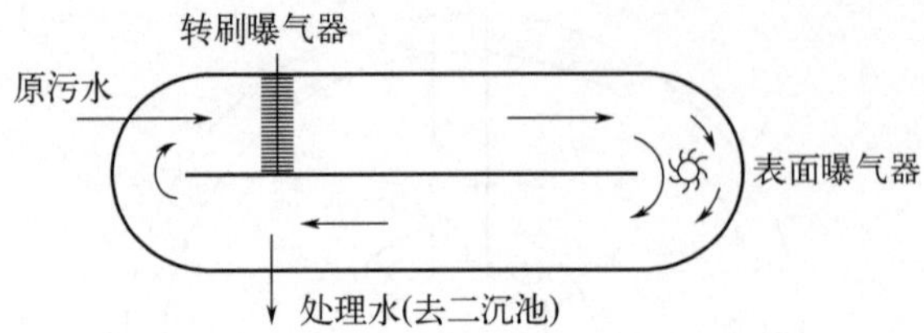

图 3-16　普通氧化沟

泥质量轻，容易产生异重流，因此，二沉池的沉淀时间比初沉池的长，水力表面负荷比初沉池的小。

辐流式二沉池与辐流式初沉池结构形式基本一致，但辐流式二沉池的排泥方式与初沉池也有所不同。辐流式初沉池常采用刮泥机刮泥，然后从池底集中排出；而辐流式二沉池通常采用刮吸泥机从池底大范围排泥。

斜板（管）沉淀池是根据浅层沉淀理论，在沉淀池沉淀区放置与水平面成一定倾角（通常为 60°）的斜板或斜管组件，以提高沉淀效率的一种高效沉淀池。

污水处理工程上采用的斜板（管）沉淀池，按水在斜板中的流动方向分为斜向流和横向流。斜向流又分为上向流和下向流，从水流与沉泥的相对运动方向讲，也称异向流和同向流；异向流斜板（管）沉淀池水流自下向上，水中的悬浮颗粒是自上向下；同向流斜板（管）沉淀池水流和水中的悬浮颗粒都是自上向下；横向流又称侧向流。侧向流斜板（管）沉淀池水流沿水平方向流动，水中的悬浮颗粒是自上向下。按水流断面形状分，有斜板和斜管。在污水处理中，目前主要采用上向流斜板沉淀池。在普通沉淀池中加设斜板（管）即构成斜板（管）沉淀池，图 3-17 和图 3-18 所示分别为平流式斜板沉淀池和辐流式斜板沉淀池。

上向流斜板沉淀池的表面负荷一般比普通沉淀池提高 1 倍，斜板垂直净距一般为 80～100mm，斜管孔径一般为 50～80mm，斜板（管）斜长一般为 1～1.2m，倾角一般为 60°，斜板（管）区底部缓冲层高度一般为 0.5～1.0m，斜板（管）区上部水深一般为 0.5～1.0m。

在池壁与斜板的间隙处装有阻流板，以防止水流短路。斜板上缘一般向池子进水端后倾安装。进水方式一般采用穿孔墙进行整流布水，出水方式一般采用多槽出水，在池面上增设几条平行的出水堰和集水槽以改善出水水质并提高处理水量。斜板（管）沉淀池一般采用重力排泥，每日排泥次数至少 1～2 次，或采用连续排泥方式。水力停留时间：初次沉淀池不超过 30min，二沉池不超过 60min。此外，斜板（管）沉淀池一般还需设置斜板（管）冲洗设施。

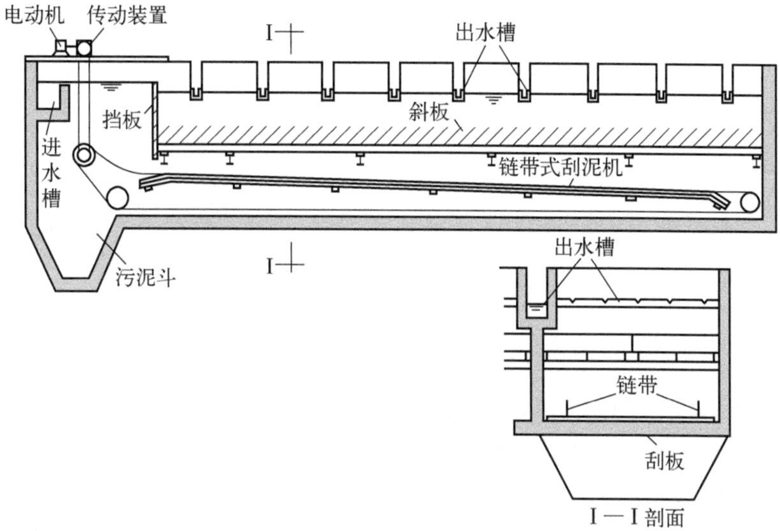

图 3-17　平流式斜板沉淀池

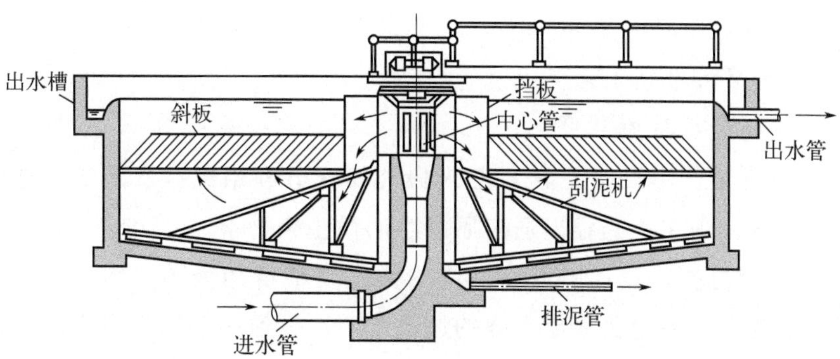

图 3-18　辐流式斜板沉淀池

斜板（管）沉淀池常用于污水处理厂的扩容改建，或在用地特别受限的污水处理厂中应用。斜板（管）沉淀池不宜作为二沉池，因为活性污泥黏度较大，容易黏附在斜板（管）表面，影响沉淀效果甚至可能堵塞斜板（管）。另外，在二沉池中，污泥可能会因厌氧消化产生气泡，进而影响泥水分离效果。

六、吸附-生物降解工艺（AB 法）

1. 工艺流程与工艺特征

AB 法污水处理工艺流程如图 3-19 所示。

AB 工艺由预处理段和以吸附作用为主的 A 段、以生物降解作用为主

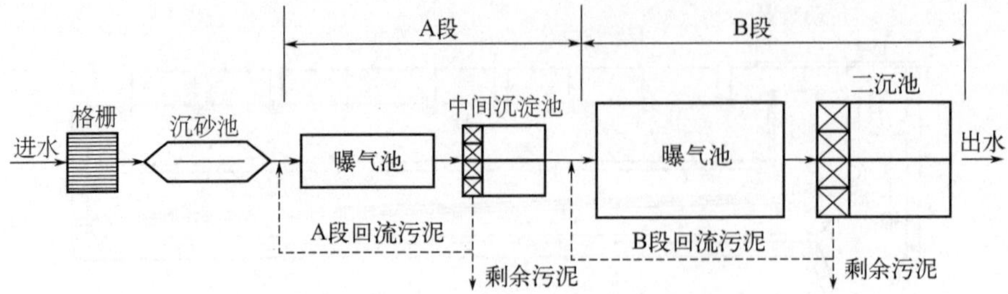

图 3-19　AB 法污水处理工艺流程

的 B 段组成。在预处理段只设格栅、沉砂池等简易处理设备，不设初沉池。A 段由 A 段曝气池与沉淀池构成，B 段由 B 段曝气池与二沉池构成。A、B 两段虽然都是生物处理单元，但两段完全分开，各自拥有独立的污泥回流系统和各自独特的微生物种群。污水先进入高负荷的 A 段，再进入低负荷的 B 段。

A 段可以根据原水水质等情况的变化采用好氧或缺氧运行方式；B 段除了可以采用普通活性污泥法外，还可以生物膜法、氧化沟法、SBR 法、A/O 法或 A^2/O 法等多种处理工艺。

2. A 段的效应与作用

① 由于本工艺不设初沉池，使 A 段能够充分利用经排水系统优选的微生物种群，培育、驯化、诱导出适应原污水的微生物种群。

② A 段负荷高，适宜增殖速度快的微生物种群的繁殖，因此，A 段的微生物种群主要是抗冲击负荷能力强的原核细菌，而原生动物和后生动物则不能存活。

③ A 段污泥产率高，产生的污泥有一定的吸附能力，因此，A 段对污染物的去除主要依靠生物对污泥的吸附作用。吸附无选择性，重金属和难降解有机物质以及氮、磷等都能够通过 A 段得到一定的去除。

④ 由于 A 段对污染物质的去除主要是通过吸附作用，因此，适应能力强，负荷、温度、pH 值等变化对处理效果影响较小。

3. B 段的效应与作用

① B 段接受 A 段的处理水，水质、水量比较稳定。

② B 段的主要作用是去除有机污染物。

③ B 段的污泥龄较长，进水 BOD:N 比值低，因此，B 段具有产生硝化反应的条件。

④ B 段承受的负荷为总负荷的 30%～60%，曝气池的容积比传统活性污

泥法低40%左右。

AB法适于处理城市污水或含有城市污水的混合污水。而对于工业废水或某些工业废水比例较高的城市污水，由于其中适应污水环境的微生物浓度很低，使用AB法时A段效率会明显降低，A段作用只相当于初沉池，因此这类污水不宜采用AB法。另外，未进行有效预处理或水质变化较大的污水也不适宜使用AB法，因为在这样的污水管网系统中，微生物不宜生长繁殖，会直接导致A段的处理效果因外源微生物的数量较少而受到严重影响。

七、间歇式活性污泥法

（一）基本原理

间歇式活性污泥法又称序批式活性污泥法，简称SBR法。SBR法原本是最早的一种活性污泥法运行方式，由于管理操作复杂，未被广泛应用。近些年来，自控技术的迅速发展重新为其注入了生机，使其发展成为简单可靠、经济有效和多功能的SBR技术。SBR工艺的核心构筑物是集有机污染物降解与混合液沉淀于一体的反应器——间歇曝气曝气池。图3-20为间歇式活性污泥法工艺流程。

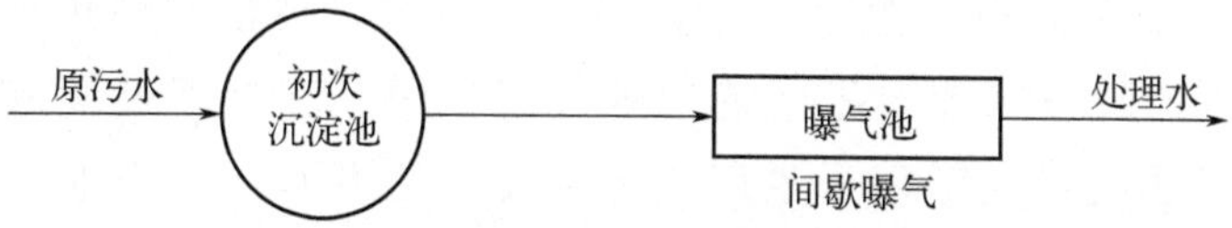

图3-20　间歇式活性污泥法工艺流程

SBR法主要特征是反应池一批一批地处理污水，采用间歇式运行的方式，每一个反应池都兼有曝气池和二沉池作用，因此不再设置二沉池和污泥回流设备，而且一般也可以不设置水质或水量调节池。

SBR法具有以下几个特点。

① 对水质水量变化的适应性强，运行稳定，适于处理水质水量变化较大的中小城镇污水或高浓度污水。

② 为非稳态反应，反应时间短；静沉时间也短，可不设初沉池和二沉池；体积小，基建费比常规活性污泥法约省22%，占地少38%左右。

③ 处理效果好，BOD_5去除率达95%，且产泥量少。

④ 好氧、缺氧、厌氧交替出现，能同时具有脱氮（80%～90%）和除磷（80%）的功能。

⑤ 反应池中溶解氧浓度在 0～2mg/L 之间变化，可减少能耗，在同时完成脱氮除磷的情况下，其能耗仅相当于传统活性污泥法。

间歇式活性污泥法曝气池的运行周期由进水、反应、沉淀、排水、闲置（待机）五个工序组成，而且这五个工序均在曝气池内进行，见图 3-21。

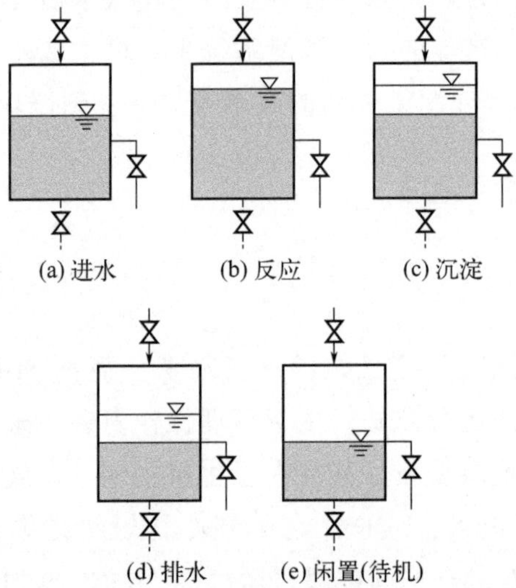

图 3-21　间歇式活性污泥法曝气池运行工序

经典 SBR 工艺只有一个反应池。间歇进水后，再依次经历反应、沉淀、排水、闲置四个阶段完成对污水的处理过程，因此在处理连续来水时，一个 SBR 系统就无法应对，工程上采用多池系统，使进水在各个池子之间循环切换，每个池子在进水后按上述程序对污水进行处理，因此使得 SBR 系统的管理操作难度和占地都会加大。

为克服 SBR 工艺固有的一些不足（比如不能连续进水等），人们在使用过程中不断改进，发展出了许多新型和改良的 SBR 工艺，例如间歇式循环延时曝气活性污泥法（ICEAS 工艺）、循环式活性污泥法（CAST 工艺）、周期循环活性污泥法（CASS 工艺）、连续-间歇曝气活性污泥法（DAT-IAT 工艺）、交替生物池法（UNITANK 系统）。这些 SBR 工艺仍然拥有经典 SBR 的部分主要特点，同时还具有自己独特的优势，但因为经过了改良，经典 SBR 法所拥有的部分显著特点又会不可避免地被舍弃掉。

（二）主要变形工艺

1. 间歇式循环延时曝气活性污泥法（ICEAS 工艺）

ICEAS 反应器由预反应区（生物选择器）和主反应区两部分组成，预反应区容积占整个池子的10%左右。预反应区一般处于厌氧或缺氧状态，设置预反应区的主要目的是使系统选择出适应污水中有机物降解、絮凝能力更强的微生物。预反应区的设置可以使污水在高负荷运行，保证菌胶团的生长，抑制丝状菌生长，控制污泥膨胀。运行方式采用连续进水、间歇曝气、周期排水的形式。预反应区和主反应区可以合建，也可以分建，合建式ICEAS反应器见图3-22。

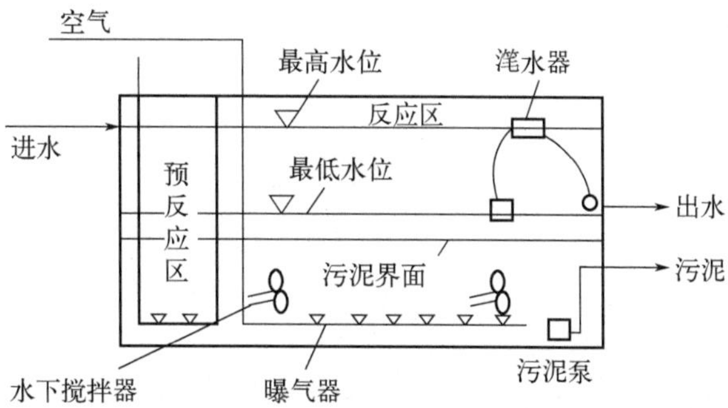

图3-22　合建式ICEAS反应器

ICEAS最大的特点是在SBR反应器前部增加了一个预反应区（生物选择器），实现了连续进水（沉淀期、排水期间仍保持进水），间歇排水。但由于连续进水，沉淀期也进水，在主反应池（区）底部会造成搅动而影响泥水分离，因此，进水量会受到一定的限制。另外，该工艺通常采用延时曝气模式，导致污泥负荷很低。

ICEAS工艺在处理城市污水和工业废水方面比传统的SBR法费用更低、管理更方便。

2. *循环式活性污泥法*（CAST工艺）

CAST工艺是在ICEAS工艺的基础上发展而来的。但CAST工艺沉淀阶段不进水，并增加了污泥回流，而且预反应区容积所占的比例比ICEAS工艺小。通行的CAST反应池一般分为生物选择器、缺氧区和好氧区，这3个部分的容积比通常为1:5:30。CAST反应池的每个工作周期可分为进水-曝气期、沉淀期、滗水期和闲置期，运行工序如图3-23所示。

CAST工艺的最大特点是将主反应区中的部分剩余污泥回流到选择器中，沉淀阶段不进水，使排水的稳定性得到保证。缺氧区的设置使CAST工艺具有较好的脱氮除磷效果。

CAST工艺周期工作时间一般为4h，其中进水-曝气2h，沉淀1h，滗水1h。反应池最少设2座，使系统连续进水，一池进水-曝气，另一池沉淀和滗水。

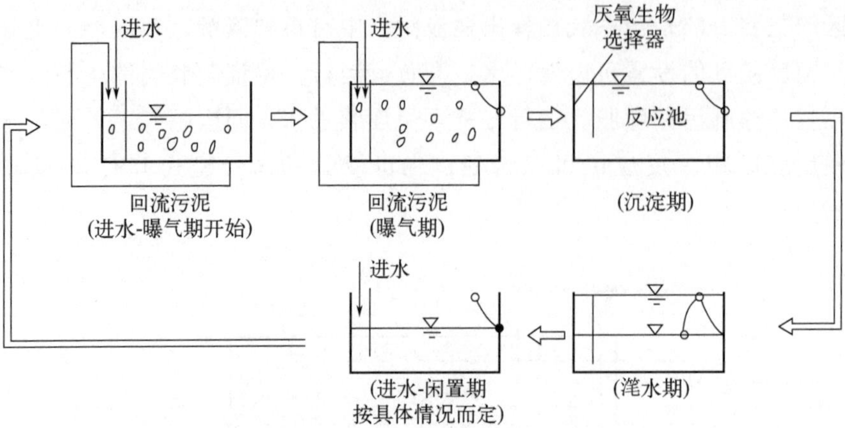

图 3-23　CAST 工艺运行工序

3．*周期循环活性污泥法*（CASS *工艺*）

CASS 工艺与 CAST 工艺相同之处是系统都由选择器和反应池组成，不同之处是 CASS 为连续进水，而 CAST 为间歇进水，而且污泥不回流，无污泥回流系统。CASS 反应池内微生物处于好氧-缺氧-厌氧周期变化之中，因此，CASS 工艺与 CAST 工艺一样，具有较好的除磷脱氮效果。CASS 工艺流程除无污泥回流系统外，其他均与 CAST 工艺相同。

CASS 反应池的每个工作周期可分为曝气期、沉淀期、滗水期和闲置期，运行工序如图 3-24 所示。

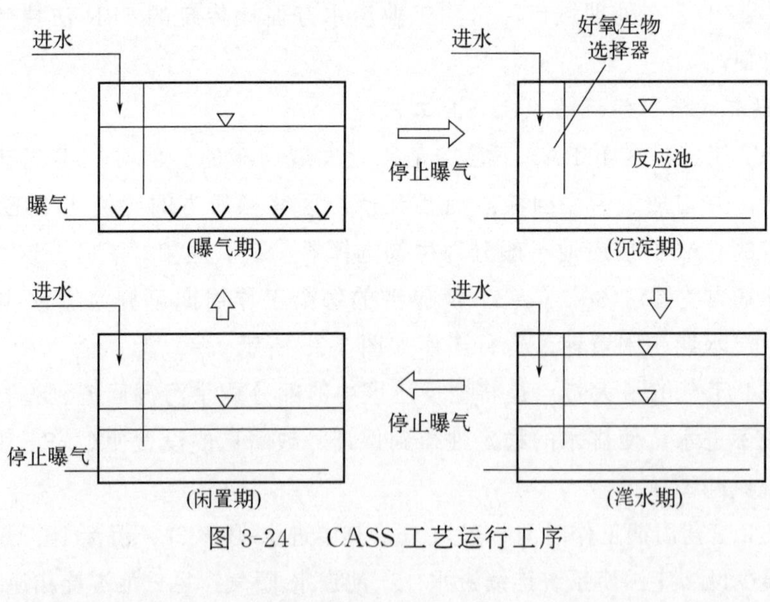

图 3-24　CASS 工艺运行工序

4. 连续进水、连续-间歇曝气法（DAT-IAT 工艺）

DAT-IAT 是 SBR 法的一种变型工艺。DAT-IAT 由 DAT 池和 IAT 池串联组成。DAT 池采用连续进水，连续曝气（也可间歇曝气），IAT 池也是连续进水，但采用间歇曝气。处理水和剩余污泥均由 IAT 池排出。DAT-IAT 工艺流程如图 3-25 所示。

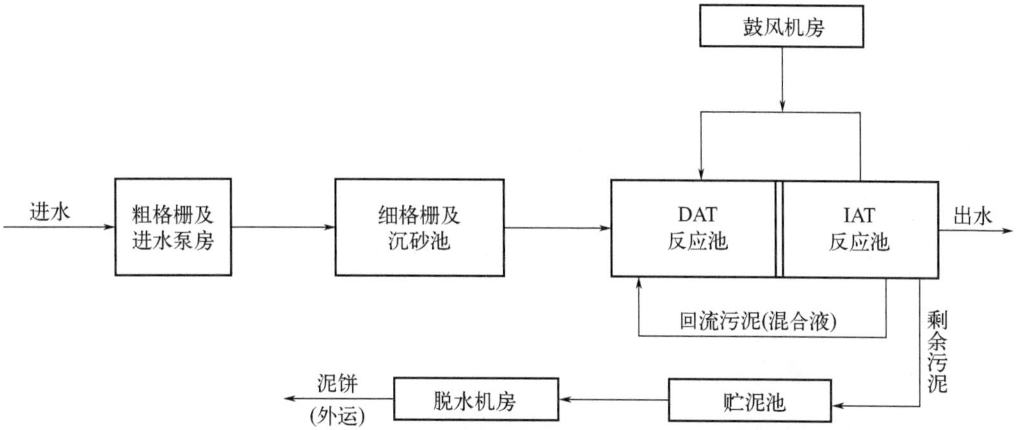

图 3-25　DAT-IAT 工艺流程

DAT 池可连续曝气，也可进行间歇曝气。IAT 池按传统 SBR 反应器运行方式进行周期运转，每个工作周期按曝气期、沉淀期、滗水期和闲置期 4 个工序运行。IAT 池向 DAT 池回流比通常控制在 100%～450%之间。DAT 池与 IAT 池需氧量之比为 65:35。

DAT-IAT 工艺既有传统活性污泥法的连续性和高效，又有 SBR 法的灵活性，适用于水质水量变化大的中小城市污水和工业废水的处理。

5. UNITANK 工艺

典型 UNITANK 工艺系统的主体构筑物为三格条形池结构，三池连通，每个池内均设有曝气和搅拌系统，污水可进入三池中的任意一个。外侧两池设出水堰或滗水器以及污泥排放装置。两池交替作为曝气池和沉淀池，而中间池则总是处于曝气状态。在一个周期内，原水连续不断地进入反应器，通过控制时间和空间，分别形成好氧、缺氧和厌氧的状态。UNITANK 工艺的工作原理如图 3-26 所示。

UNITANK 工艺除了保持传统 SBR 的特征以外，还具有滗水简单、池子结构简化、出水稳定、无需回流等特点，通过改变进水点的位置可以起到回流的作用和达到脱氮、除磷的目的。

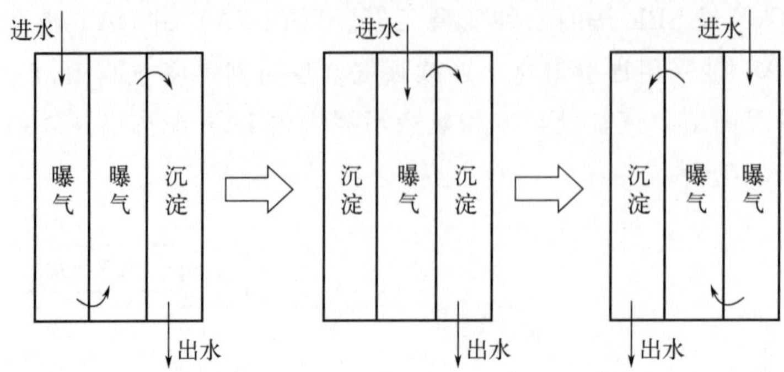

图 3-26　UNITANK 工艺的工作原理

第二节　生物膜法及处理构筑物

一、生物膜法

生物膜法是与活性污泥法并列的一种污水好氧生物处理技术。生物膜法是土壤自净的人工强化，其实质就是使细菌和真菌一类的微生物和原生动物、后生动物一类的微型动物附着在滤料或某些载体上生长繁殖，并在其上形成膜状生物污泥——生物膜。污水在与生物膜接触的过程中，污水中的有机污染物被生物膜上的微生物代谢分解，污水得到净化，微生物自身也得到繁衍增殖。

生物膜法在工程技术人员的努力下，不断创新、改进和发展，迄今为止已有多种处理工艺，被广泛地应用于处理城市污水和高浓度有机工业废水。属于生物膜法的工艺有生物滤池（普通生物滤池、高负荷生物滤池、塔式生物滤池）、生物转盘、生物接触氧化设备、生物流化床和曝气生物滤池等。

（一）净化过程

污水与滤料或某种载体流动接触一段时间后，滤料或某种载体上就会生成生物膜。随着污水连续滴流，生物膜逐渐成熟。生物膜成熟的标志是生物膜沿滤池深度垂直分布、生物膜上由细菌和各种微型生物相组成生态系、有机物的降解功能等都达到了平衡和稳定状态。生物膜成熟要经过适应期和生长期两个阶段。一般的城市污水在 15～20℃条件下，生物膜成熟需要 50d 左右。

（二）生物膜上的生物相

生物膜上的生物相是丰富的，形成由细菌、真菌、藻类、原生动物、后生动物以及肉眼可见的其他生物所组成的比较稳定的生态系，其生态与功能如下。

1. 细菌、真菌

细菌是对有机污染物降解起主要作用的生物，在处理城市污水的生物滤池内，生长繁殖的细菌包括假单胞菌属、芽孢杆菌属、产碱杆菌属和动胶菌属等种属。在生物滤池内还增殖球衣菌等丝状菌。丝状菌有很强的降解有机物的能力，在生物滤池内适量增殖丝状菌，并不会产生任何不良影响。在生物滤池上、中、下各层构成生物膜的细菌，在数量上有差异，种属上也有所不同，一般表层多为异养菌，而深层则多为自养菌。

在生物膜中出现真菌也是较为普遍的，主要有镰刀霉属、地霉属和浆霉菌属等。真菌对某些人工合成的有机物如腈等有一定的降解能力。

2. 微型生物

本书中微型生物是指栖息在生物膜表面上的原生动物和后生动物。处理城市污水的生物滤池，当其工作正常、降解功能良好时，占优势的原生动物多为钟虫、独缩虫、等枝虫等附着型纤毛虫。而在运行初期，则多出现豆形虫一类的游泳型原生动物。

原生动物以细菌为食，也是污水净化的积极因素，现多作为污水净化状况的指示性生物。在生物滤池内经常出现的后生动物是线虫，据观察确证，线虫及其幼虫可软化生物膜，促使生物膜脱落，从而能使生物膜经常保持活性和良好的净化功能。

3. 滤池蝇

在生物滤池上还栖息着以滤池蝇为代表的昆虫。这是一种体型较一般家蝇小的苍蝇，它的产卵、幼虫、成蛹、成虫等过程全部都在滤池内进行。滤池蝇飞散在滤池周围，以微生物及生物膜中的有机物为食，对污水净化有良好的作用。

据观察证明，滤池蝇具有抑制生物膜过速增长的作用，能够使生物膜保持好氧状态。由于具有这样的功能，线虫、滤池蝇也称为生物膜增长控制生物。

二、生物滤池

生物滤池是生物膜法的一种工艺形式，以土壤自净原理为依据。生物滤池净化污水的过程如下。

污水长时间以滴状喷洒在块状滤料层的表面上，在块状滤料层表面上形成生物膜。生物膜成熟后，栖息在生物膜上的微生物就会代谢分解污水中的有机物，从而使污水得到净化。

为了避免堵塞，进入生物滤池的污水必须通过预处理去除原污水中的悬浮物等大粒径杂质。因此，处理城市污水的生物滤池前应设初沉池。滤料上的生物膜会不断脱落更新，脱落的生物膜应该通过沉淀去除，否则影响出水水质。因此，生物滤池后也应设二沉池。

生物滤池按负荷可分为低负荷生物滤池和高负荷生物滤池。

(1) 低负荷生物滤池　亦称普通生物滤池，负荷低，占地面积大，而且易于堵塞。因此，在使用上受到限制。

(2) 高负荷生物滤池　采用出水回流措施，加大水量和水力负荷（通常是普通生物滤池的 6～10 倍），于是普通生物滤池占地大和易堵塞的问题得到一定程度的解决。但为了保证处理效果，进水 BOD 浓度必须限制在 200mg/L 以下。

（一）普通生物滤池

1. 普通生物滤池的构造

普通生物滤池在平面上多呈圆形、正方形或矩形，由池体、滤料、布水装置和排水设备 4 部分组成。

(1) 池体　普通生物滤池四周应采用砖石筑壁，称为池壁，池壁主要起支撑和围护滤料的作用。池壁可筑成带孔洞和不带孔洞的两种形式，有孔洞的池壁有利于滤料的通风，但在低温季节，易受低温的影响，使净化功能降低。池壁一般应高出滤料表面 0.5～0.9m。池体的底部为池底，用于支撑滤料和排除处理后的污水。

(2) 滤料　滤料是生物滤池首要的组成部分，对生物滤池净化功能的影响较大，应当正确选用。滤料应具备的条件如下：

① 质坚、高强、耐蚀、抗冰冻；

② 表面积大、粗糙，但又易于使污水均匀流动；

③ 滤料间应有足够的空隙率；

④ 就地取材。

生物滤池以碎石、炉渣、焦炭等为滤料，粒径多为 5～7cm。滤料必须经过仔细筛分、洗净，不合格滤料≤5%。

近年来，开始使用由聚氯乙烯、聚苯乙烯和聚酰胺等制造的波形板式、列管式和蜂窝式等人工滤料。这些滤料的特点是轻质、高强、耐蚀，每 $1m^3$ 仅约 43.66kg，表面积 100～$200m^2$，空隙率高达 80%～95%，但是其成本较高。

滤料的高度即滤料的工作深度。实践证实，生物滤池最上层 1m 内的净化功能最好，过深会增加水头损失。普通生物滤池的工作深度在 1.8～3.0m 之间，而高负荷生物滤池则多为 0.9～2.0m。加大深度的方法有 2 种：

① 直接加大深度，必要时采取人工强制通风措施；

② 采用二级滤池，第二级滤池深度多采取 1.0m。

(3) 布水装置　布水装置是生物滤池的关键组成部分。只有布水均匀，才能充分发挥每一部分滤料的作用和提高滤池的处理能力。另外，布水装置还要满足间歇布水的要求，使空气在布水间歇时进入滤池，也使生物膜上的有机物有氧化分解时间，以恢复生物膜的吸附能力。常用的布水装置有固定式和旋转式两种。

(4) 排水设备　设置在池底上的排水设备不仅用以排出滤水，而且起保证滤池通风的作用，包括渗水装置、集水沟和总排水渠等。渗水装置的作用是支撑滤料、排出滤水，空气也是通过渗水装置的空隙进入滤池体的。为了保证滤池通风，渗水装置的空隙所占面积不得少于滤池面积的 5%～8%。渗水装置的形式很多，其中使用比较广泛的是穿孔混凝土板。

2. 普通生物滤池的适用范围与优缺点

普通生物滤池一般适用于处理每日污水量≤1000m^3 的小城镇污水或有机工业废水。普通生物滤池主要优点如下：

① 处理效果良好，BOD_5 的去除率可达 95%以上；

② 运行稳定、易于管理、节省能源。

普通生物滤池主要缺点如下：

① 占地面积大、不适于处理水量大的污水；

② 滤料易于堵塞，当预处理不够充分或生物膜季节性大规模脱落时，都可能使滤料堵塞；

③ 滋生滤池蝇，恶化环境卫生，滤池蝇是一种体型小于家蝇的苍蝇，产卵、幼虫、成蛹、成虫等生殖过程都在滤池内进行，飞行能力较弱，主要在滤池周围飞行；

④ 喷嘴喷洒污水，散发臭味。

正是因为普通生物滤池具有以上缺点，它在应用上受到不利影响，近年来在新建项目中的应用已越来越少，呈现出被逐步淘汰的趋势。

（二）高负荷生物滤池

图 3-27 为高负荷生物滤池构造。高负荷生物滤池属于第二代生物滤池，是在普通生物滤池的基础上为克服普通生物滤池在构造、运行等方面存在的一些问题而发展起来的。

1. 高负荷生物滤池的特征

在滤池构造方面，高负荷生物滤池与普通生物滤池主要区别如下：

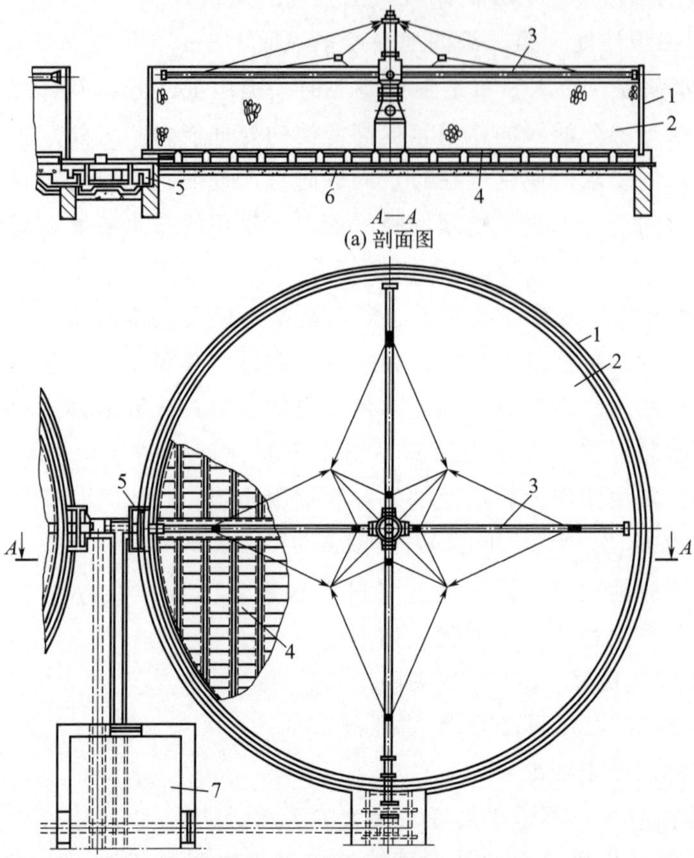

(a) 剖面图

(b) 平面图

图 3-27　高负荷生物滤池构造

1—池体；2—滤料；3—旋转布水器；4—渗水装置；5—水封；6—池底；7—通风室

① 采用粒径较大的粒状滤料，一般在 40～65mm，而且整个滤层采用同一粒径的滤料；

② 滤层深度介于较大的范围内，一般为 1～4m；

③ 为配合旋转布水器的使用，滤池表面多设计为圆形；

④ 在某些情况下，如滤层深度为 4m，采取人工鼓风的技术措施，池底构造与布水装置应设水封以防空气外溢。

高负荷生物滤池在运行方面具有特征如下：

① 将单位滤池表面的水量负荷提高近 10 倍，达 10～30m^3 污水/(m^2 滤池表面·d)，加大水流强度形成较强水力冲刷滤池表面生物膜的条件，促使生物膜及时脱落，从而保持较高的活性，BOD 负荷提高到 0.5～1.0kg BOD/(m^3 滤料·d)；

② 为适应提高水量负荷和降低对进水 BOD 值的要求，通常采用处理水回

流的技术措施，并将进水BOD浓度限制在200mg/L以下。

③ 为缩小布水间隔时间，并保证均匀布水，多采用旋转布水器。

2. 高负荷生物滤池的分类

(1) 按处理程度划分　高负荷生物滤池可分为完全处理式和不完全处理式两种。

(2) 按是否回流划分　高负荷生物滤池可分为具有处理水回流式和处理水不回流式两种。

(3) 按供气方式划分　高负荷生物滤池可分为自然通风式和人工鼓风式两种。

(4) 按处理系统程度划分　高负荷生物滤池可分为一级滤池处理系统和二级滤池处理系统两种。

（三）塔式生物滤池

塔式生物滤池属于第三代生物滤池。在工艺原理上，塔式生物滤池与高负荷生物滤池无本质区别，但在构造和净化功能等方面具有一定的特征。

1. 塔式生物滤池的主要特征

塔式生物滤池在构造和净化功能方面具有以下特征。

① 塔式生物滤池的水量负荷比较高，是高负荷生物滤池的2～10倍；BOD负荷也较高，是高负荷生物滤池的2～3倍。

② 塔式生物滤池的构造形状如塔，高达8～24m，直径1～3.5m，使滤池内部形成较强的拔风状态，因此通风良好。

③ 由于高度大，水量负荷大，滤池内水流紊动强烈，使污水、空气及生物膜的接触非常充分。

④ 由于BOD负荷高，使生物膜生长迅速；同时，高水量负荷对生物膜产生强烈的水力冲刷，从而使生物膜不断脱落、更新。

⑤ 在塔式生物滤池的各层生长着种属不同但又适应流至该层污水性质的生物群。由于处理污水的性质不同，塔式生物滤池上的生物相也各不相同，但有一点是共同的，就是由塔顶向下，生物膜明显分层，各层的生物相组成不同，种类由少到多，由低级到高级。

例如，在处理生活污水的塔式生物滤池中，塔顶多为动胶菌属和少量丝状菌，中部多为固着型纤毛虫，底部可能出现后生动物。以上特征都有助于微生物的代谢、增殖，有助于对有机污染物质的降解。

⑥ 无需专设供氧设备。

⑦ 塔式生物滤池对冲击负荷有较强的适应能力，故常用于高浓度工业废水两段生物处理的第一段，大幅度去除有机污染物，为后续处理单元的稳定运行提供保障。

2. 塔式生物滤池的构造

塔式生物滤池主要由塔身、滤料、布水装置、通风孔和排水系统组成。

(1) 塔身　塔式生物滤池在平面多呈圆形或方形，外观呈塔状。沿高度分层建设，每层高度视所采用的滤料而定，一般介于 2～4m。在分层处设格栅，以使滤料的荷重分层负担，在分层处还沿内侧周边突缘，以防止污水及空气沿池壁短路漏出，每层都应设检修孔，以便采样、更换滤料等。

塔身可用砖砌，也可以现场浇筑钢筋混凝土或采用预制板材。为了减轻池体重量，可采用钢框架结构，四周用塑料板围嵌。

(2) 滤料　塔式生物滤池对滤料要求与高负荷生物滤池基本一致。但由于在构造上具有高度高、负荷大的特点，其对滤料的性能要求更为严格，因此更宜采用轻质、高强、比表面积大、空隙率高的合成塑料成型滤料。

(3) 布水装置　塔式生物滤池常使用的布水装置有两种：一种是旋转布水器；另一种是固定式布水器。旋转布水器可以通过水的反作用力自行转动，也可以用电机带动。固定式布水器多采用固定喷嘴，由于塔式生物滤池表面面积较小，安设的固定喷嘴数量不多，也易于均匀布水。

可以考虑沿滤塔高度设多层布水器，这样能够均化负荷，防止上层负荷过高、生物膜生长过厚造成堵塞，也有利于有毒物质的挥发，这样的考虑能够提高塔式生物滤池的处理能力。

(4) 通风孔　在最下层格栅与滤池实底之间应设有高为 0.5m 左右的空间层，并沿其防护墙的四周设有通风孔，以便自然通风。通风孔的总有效面积不应小于滤池横截面积的 7.5%～10%。

(5) 排水系统　塔式生物滤池的出水汇集于塔底的集水槽，然后通过渠道送往沉淀池进行生物膜与水的分离。

三、生物转盘

生物转盘是从传统生物滤池演变而来。生物转盘中，生物膜的形成、生长以及其降解有机污染物的机理与生物滤池基本相同。生物转盘与生物滤池的主要区别是生物转盘以一系列转动的盘片代替固定的滤料。部分盘片浸渍在污水中，通过不断转动与污水接触；氧则是在盘片转出水面与空气接触时从空气中吸取，而不进行人工曝气。

（一）生物转盘的组成及净化机理

生物转盘的主体部分由盘片、氧化槽、转轴以及驱动装置等部分所组成。生物膜固着在盘片的表面上，因此，盘片是生物转盘的主体。生物转盘构造如图 3-28 所示。

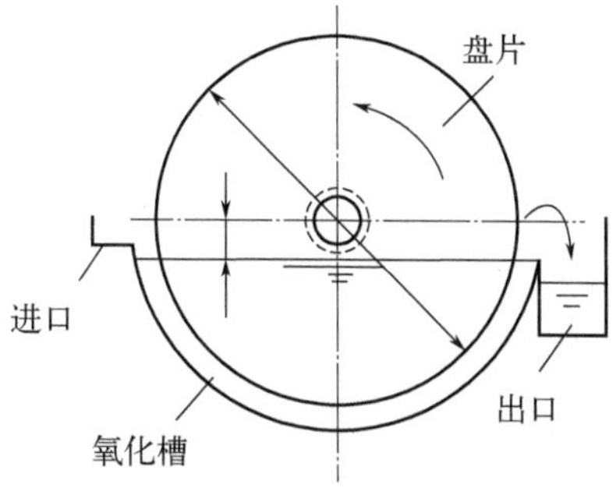

图 3-28　生物转盘构造

盘片可用聚氯乙烯塑料、玻璃钢、金属等制成。盘片的形式有平板式和波纹板式两种。盘片厚 1～5mm，盘间距一般为 20～30mm。如果利用转盘繁殖藻类，为了使光线能照到盘中心，盘间距可加大到 60mm 以上。转盘直径一般为 2～3m，转盘直径也有 4m。转盘表面积的 40%～50%浸没在氧化槽内的污水中。转轴一般高出水面 10～25cm。

氧化槽一般做成与盘片外形相吻合的半圆形，以避免水流短路和污泥沉积。氧化槽壁与盘片边缘净距取值 20～50mm，其底部可做成矩形与梯形。在中心轴上固定着多数轻质高强的薄盘片，并有 40%的表面积浸没在呈半圆状的接触反应池内，通过驱动装置（机械或空气）进行低速回转。盘片交替地与污水及空气接触，在污水中时吸收污水中的有机污染物质，在空气中则吸收微生物所需要的氧，以进行生物分解。由于转盘的回转，污水在氧化槽内得到搅拌，在生物膜上附着水层中的过饱和溶解氧使池内的溶解氧含量增加。生物膜的厚度因原污水的浓度和底物不同而有所不同，一般介于 0.5～1.0mm 之间。转盘外侧附着的水层、生物膜分为好氧层和厌氧层。活性衰退的生物膜在转盘回转产生的剪切力作用下脱落。

与其他生物处理工艺相同，生物转盘的净化反应包括：有机物的氧化分解、硝化、脱氮、除磷等。通过反应，微生物获取能量，得到增殖，生物膜增长。在反应过程中，微生物还会进行自身氧化的生理活动。

生物转盘技术在工艺、维护和运行方面具有如下特点。

① 微生物浓度高，特别是最初几级的生物转盘。

② 生物相分级，每级转盘生长着适应于流入该级污水性质的生物相，这种现象对微生物的生长繁育、有机污染物的降解非常有利。

③ 污泥龄长，在转盘上能够增殖世代时间长的硝化菌和反硝化细菌，因此，生物转盘具有硝化、反硝化的功能。由于无需污泥回流，可向最后几级氧化槽或直接向二沉池投加混凝剂去除水中的磷。

④ 耐冲击负荷能力强，对 BOD 浓度为 10～10000mg/L 范围内的污水都具有较好的处理效果。

⑤ 微生物的食物链较长，产生的污泥量较少，产泥量约为活性污泥法的 1/2。

⑥ 生物转盘工艺不需要曝气，不需污泥回流，因此动力消耗低。

⑦ 生物转盘工艺不产生污泥膨胀，不需要经常调节生物污泥量，设备简单便于维护管理。

⑧ 生物转盘的流态属于完全混合-推流型，去除有机物的效果好。但是基建投资相对较高，占地面积较大，因此，常在污水量小的工程中采用生物转盘法来处理。

空气驱动式生物转盘可依靠设在反应槽中的充气管驱动转盘，并为生物供氧；利用藻菌共生体系处理污水的藻类转盘；在曝气池内组装生物转盘的活性污泥式生物转盘；此外，还有硝化转盘及厌氧反硝化脱氮转盘，以进行污水的深度净化。

（二）生物转盘处理系统的工艺流程与组合

城市污水的生物转盘处理系统基本工艺流程如图 3-29 所示。

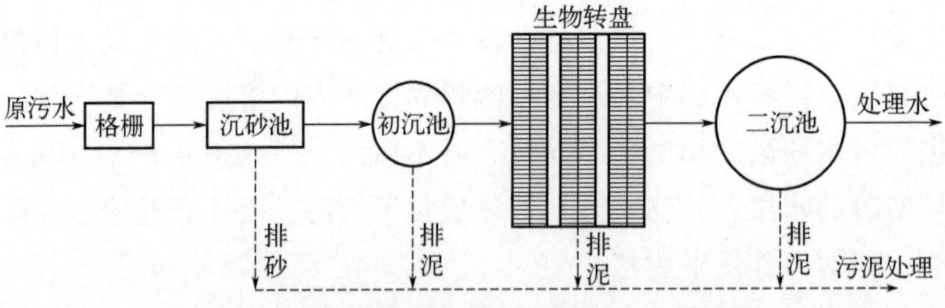

图 3-29 生物转盘处理系统基本工艺流程

多级串联运行是生物转盘常用的处理方式。多级串联运行能够提高处理效果和水中的溶解氧含量。

生物转盘可分为单级单轴、单轴多级（图 3-30）和多轴多级（图 3-31）等。

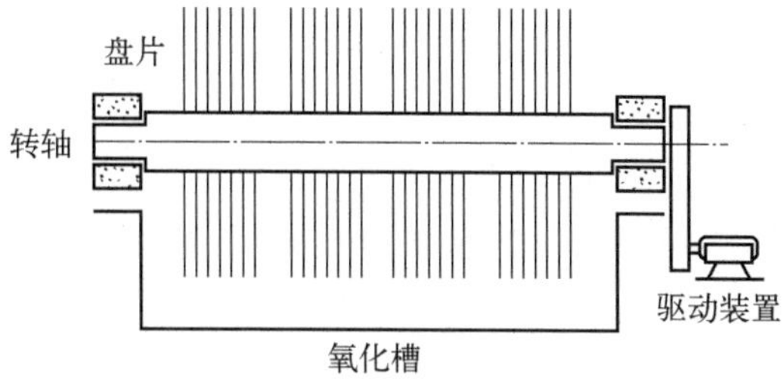

图 3-30　单轴多级（四级）生物转盘平面与剖面

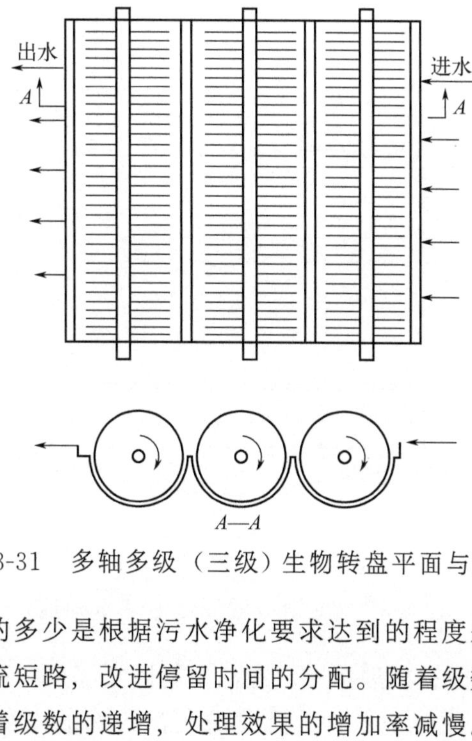

图 3-31　多轴多级（三级）生物转盘平面与剖面

生物转盘级数的多少是根据污水净化要求达到的程度来确定的，转盘的多级布置可以避免水流短路，改进停留时间的分配。随着级数的增加，处理效果可相应提高。但随着级数的递增，处理效果的增加率减慢。因为生物酶氧化有机物的速度正比于有机物的浓度，在多级转盘中，转盘的第一级进水口处有机物浓度最高，氧化速度最快。随着级数的增加，有机物浓度逐渐降低，代谢产物逐渐增多，氧化速度也逐渐减慢，因此，转盘的分级不宜过多。一般来说，转盘的级数不超过四级。对城市污水多采用四级转盘进行处理。在设计时特别应注意的是第一级承受高负荷，如供氧不足，可能使其形成厌氧状态。对此应采取适当的技术措施，如增加第一级的盘片面积、加大转数等。

四、生物接触氧化池

生物接触氧化法是在曝气池中填充块状填料，经曝气的污水流经填料层，使填料颗粒表面长满生物膜，污水和生物膜相接触，在生物膜中生物的作用下，污水得到净化。生物接触氧化池又名浸没式曝气滤池，也称固定式活性污泥法，是一种兼有活性污泥和生物膜法特点的污水处理构筑物，所以生物接触氧化池兼有这两种处理方法的优点。

1. 生物接触氧化池的构造与分类

生物接触氧化池是生物接触氧化工艺系统的核心装置。生物接触氧化池主要由池体、填料层、曝气系统、进水与出水系统以及排泥系统组成。生物接触氧化池基本构造如图 3-32 所示。

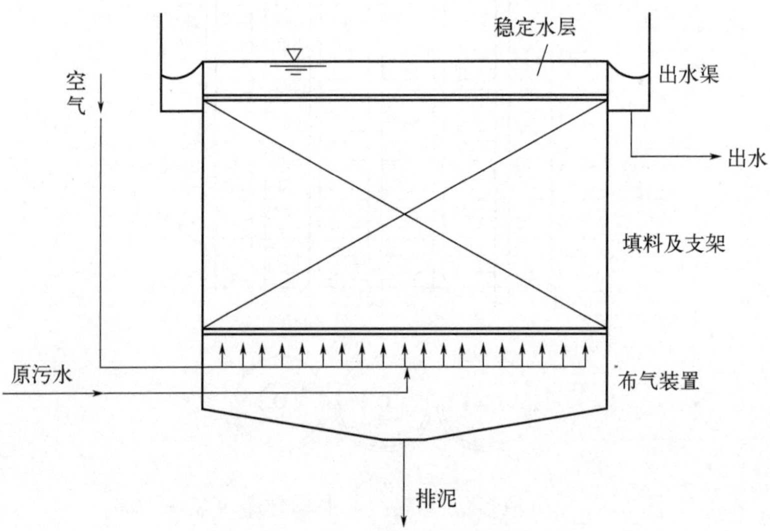

图 3-32　生物接触氧化池基本构造

池体的作用是接受被处理污水，在池内的固定部位充填填料，设置曝气系统为微生物创造适宜的环境条件，强化有机污染物的降解反应，排放出水及污泥。

池体的结构形状在表面上可为圆形、方形和矩形，表面尺寸以满足配水布气均匀、便于填料充填和便于维护管理等要求确定，并应尽量考虑与前处理构筑物及二沉池的表面形式相协调，以降低水头损失。一般情况下，填料高度在 2.0～3.5m 之间，多采用 3.0m，池底部曝气布气层高度取值为 0.6～0.7m，填料上稳定水层高在 0.5～0.6m 之间，池体总高度在 4.5～5.0m 之间。

按曝气充氧和与填料接触的方式，生物接触氧化池可分为分流式和直流式两种。

（1）分流式生物接触氧化池　污水的充氧曝气和与填料的接触反应分别在两个不同的隔间内进行。根据曝气充氧区的位置划分，分流式生物接触氧化池又可分为中心曝气式及一侧曝气式，见图 3-33。

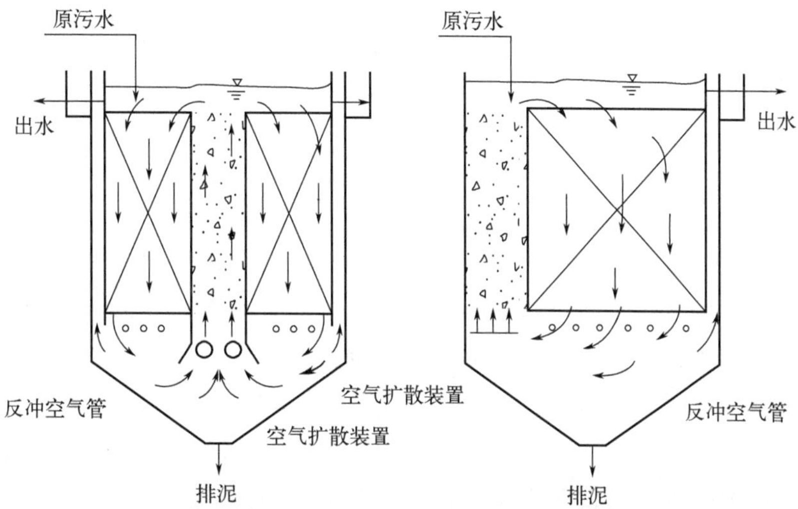

图 3-33　分流式生物接触氧化池

（2）直流式接触氧化池　充氧曝气装置直接安装在填料底部，对填料进行全面曝气。根据曝气方式不同，直流式生物接触氧化池目前分为全面曝气式、分割曝气式和旋转曝气式，见图 3-34。

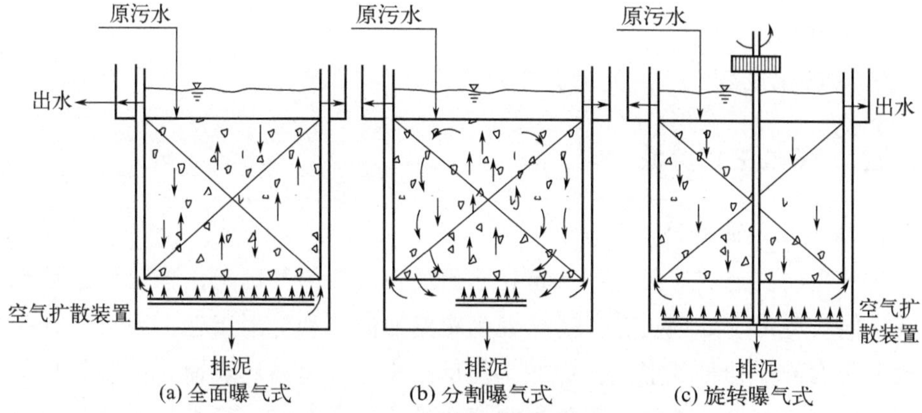

图 3-34　直流式接触氧化池

① 全面曝气式生物接触氧化池。在装置和填料底部均匀地配设空气扩散

装置，空气直接进入填料区与生物膜接触，并对其冲刷，生物膜更新频率高，活性强并且稳定。

② 分割曝气式生物接触氧化池。空气扩散装置设于池体中心部位，气泡上升到水面后再由四周溢下，这种曝气方式的接触氧化装置也可以称为内循环接触氧化系统。

③ 旋转曝气式生物接触氧化池。空气扩散装置是旋转的，旋转轴是中空的，空气由此进入，这种装置可使供气均匀而且更合理，但驱动中心轴也产生能耗。

2. 生物接触氧化法的工艺特征

生物接触氧化处理技术在工艺方面具有下列主要特征。

① 池内填装填料，在曝气的作用下，在池内形成液、固、气三相共存体系，有利于氧的转移，水中溶解氧充沛，为微生物存活增殖提供条件。因此，生物膜上的生物相较为丰富，形成一个稳定的生态系。

② 填料表面的生物膜形成了生物膜的主体结构，由于生物膜上丝状菌的大量滋生，有可能形成一个呈立体结构的密集的生物网，污水在其中通过时起到类似过滤的作用，有助于提高污水净化效果。

③ 由于进行曝气作用，生物膜表面更新快，有利于保持生物膜的活性，抑制厌氧膜的增殖。生物接触氧化池内的生物量要高于曝气池。

生物接触氧化处理技术在运行方面具有下列主要特征。

① 抗冲击负荷能力强，在间歇运行条件下，仍能够保持良好的处理效果。

② 运行方便，操作维护简单，不需要污泥回流，不产生污泥膨胀现象，也没有滤池蝇。

③ 污泥生成量少，污泥沉淀性能好。

五、曝气生物滤池

1. 曝气生物滤池的结构

曝气生物滤池（简称 BAF）是在普通生物滤池的基础上，借鉴给水滤池工艺开发的新型污水处理工艺，是普通生物滤池的一种变形工艺，也可看成生物接触氧化池的一种特殊形式，即在生物反应器内装填高比表面积的颗粒填料，以提供生物膜生长的载体。曝气生物滤池构造见图 3-35。承托层上部是作为滤料的填料，在承托层内设有空气管及空气扩散装置、处理水排水管和反冲洗水进水管等。

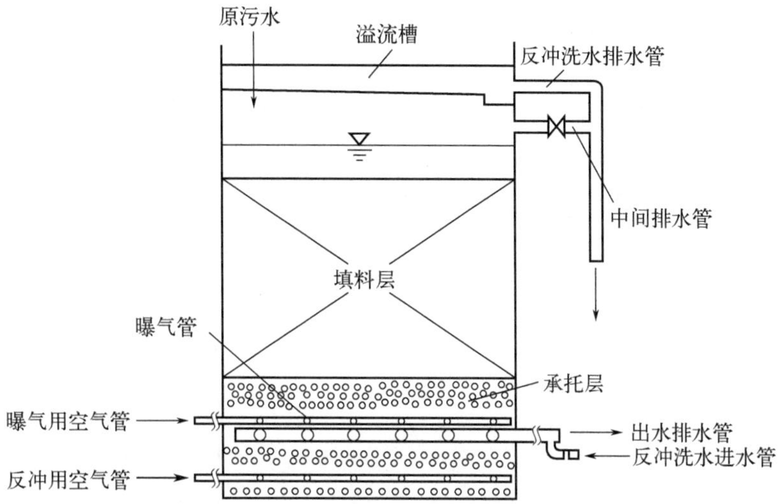

图 3-35 曝气生物滤池构造

被处理的原污水从池上部进入池体，通过由填料组成的滤层向下流动。污水在通过滤层过程中，与填料表面生物膜接触，在微生物的新陈代谢作用下，有机污染物被降解，污水得到处理。通过池下部空气管向滤层进行曝气，向生物膜上的微生物提供充足的溶解氧。

原污水中的悬浮物及脱落的生物膜形成的生物污泥被填料所截留。当滤层内的截污量达到一定程度时，对滤层进行反冲洗。

2. 曝气生物滤池工艺特点

① 较小的池容和占地面积可以获得较大处理水量，由于容积负荷高，可获得高质量的出水。

② 由于曝气生物滤池对 SS 的截流作用使出水的 SS 很少，不需要设置二沉池，处理流程简化，基建和运转费用大大降低；系统具有抗冲击能力，没有污泥膨胀的问题，能保持较高的微生物浓度，运行管理简单。

③ 由于系统内微生物的自身特性，即使一段时间停运，其设施可在几天内恢复运行。

④ 目前应用较多的曝气生物滤池通常采用上向流态，即上向流曝气生物滤池，在结构上采用气、水平行上向流态，并采用强制鼓风曝气技术，使得气、水分布极好，防止气泡在滤料中凝结，氧的利用率高，能耗低。

⑤ 过滤空间能被很好利用，空气能将污水中的固体物质带入滤床深处，在滤床中形成高负荷、均匀的固体物质，延长反冲洗周期，减少清洗时间和反冲洗水量。

六、移动床生物膜反应器

移动床生物膜反应器是为解决固定床反应器需定期反冲洗、流化床需使载体流化、淹没式生物滤池堵塞需清洗滤料和更换曝气器的复杂操作而发展起来的。图 3-36 所示为好氧移动床生物膜反应器。

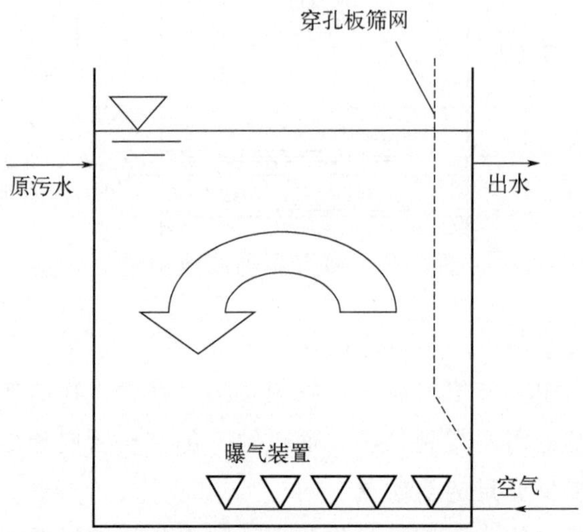

图 3-36 好氧移动床生物膜反应器

在移动床生物膜反应器中，装填有直径约 10mm、长度约 7mm 的短管状聚乙烯塑料填料，密度为 $0.96g/cm^3$，内设交叉面支撑，外有鱼鳍状沟棱以增加填料的比表面积。这些漂浮的载体随反应器内混合液的回旋翻转作用而自由移动，这种回旋力是由曝气提升力提供的。为了防止生物膜载体从反应器内随出水流失，在反应器出口处设有穿孔板栅网，网孔尺寸为 5mm×25mm。反应器中生物膜比表面积由载体投加数量控制，装填容积可高达空床反应器容积的 70%，相应地反应器内生物膜比表面积可高达 $400\sim500m^2/m^3$。但由于填料外侧表面比免受强烈水力冲刷的内表面生物膜量少得多，故实际可供微生物生长的最大比表面积约为 $350m^2/m^3$。

在实际运行中，移动床生物膜反应器既不需要反冲洗，也无需污泥回流，水头损失小。在稳态运行条件下，当反应器承受较高的有机物负荷时，表现出良好的有机物去除率。研究结果表明，当采用连续流操作方式时，该反应器可成功地用于经初沉后污水的硝化，而当采用间歇流操作方式时，则可成功地用于反硝化，与化学沉淀组合还具有除磷功能。

第三节　膜生物反应器

一、膜生物反应器的分类与特征

膜生物反应器（MBR）是将污水生物处理技术和膜分离技术相结合而形成的一种高效的污水处理技术。膜生物反应器主要由膜组件和生物反应器两部分构成。大量的微生物（活性污泥）在生物反应器内与基质（污水中的可降解有机物等）充分接触，通过氧化分解作用进行新陈代谢以维持自身生长、繁殖，同时使有机污染物降解。膜组件通过机械筛分、截留等作用对污水和污泥混合液进行固液分离。大分子物质等被浓缩后返回生物反应器，从而避免了微生物的流失。生物反应器和膜分离组件的有机组合，不仅提高了系统的出水水质和运行的稳定程度，还延长了难降解大分子物质在生物反应器中的水力停留时间，加强了系统对难降解物质的去除效果。

（一）膜生物反应器的分类

根据膜组件和生物反应器的组合位置不同，可将膜生物反应器分为一体式、分置式和复合式三大类。

1. 一体式 MBR

一体式 MBR 是将膜组件直接安置在生物反应器内部，有时又称为淹没式 MBR（SMBR），其依靠重力或水泵抽吸产生的负压作为出水动力。一体式 MBR 工艺流程如图 3-37 所示。

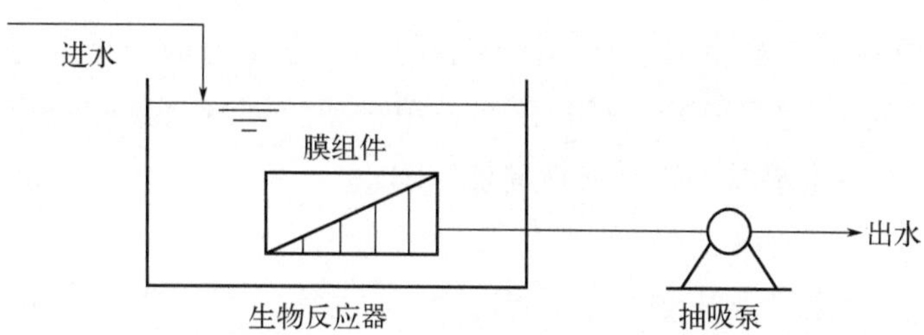

图 3-37　一体式 MBR 工艺流程

一体式 MBR 利用曝气产生的气液向上剪切力实现膜面的错流效应，也可在膜组件附近进行叶轮搅拌或通过膜组件自身旋转来实现错流效应。一体式 MBR 的主要特点如下。

① 膜组件置于生物反应器之中，减少了处理系统的占地面积。

② 用抽吸泵或真空泵抽吸出水，动力消耗费用远远低于分置式 MBR。资料表明，一体式 MBR 每吨出水的动力消耗为 0.2～0.4kW·h，约是分置式 MBR 的 1/10。如果采用重力出水，则可完全节省这部分费用。

③ 一体式 MBR 不使用加压泵，因此，可避免微生物菌体受到剪切而失活。

④ 膜组件浸没在生物反应器的混合液中，污染较快，而且清洗起来较为麻烦，需要将膜组件从反应器中取出。

⑤ 一体式 MBR 的膜通量低于分置式 MBR。

为了有效防止一体式 MBR 的膜污染问题，人们研究了许多方法：a. 在膜组件下方进行高强度的曝气，靠空气和水流的搅动来延缓膜污染；b. 在反应器内设置中空轴，通过它的旋转带动轴上的膜也随之转动，在膜表面形成错流，防止其污染。

2. 分置式 MBR

分置式 MBR 的膜组件和生物反应器分开设置，通过泵与管路将两者连接在一起，如图 3-38 所示。

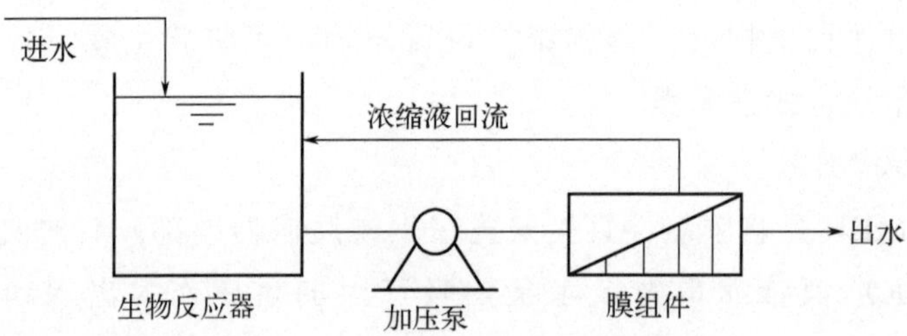

图 3-38　分置式 MBR 工艺流程

反应器中的混合液由泵加压后进入膜组件，在压力的作用下过滤液成为系统的处理水，活性污泥、大分子物质等被膜截留，回流至生物反应器。分置式 MBR 有时也称为错流式 MBR 或横向流 MBR。

分置式 MBR 具有如下特点。

① 膜组件和生物反应器各自分开，独立运行，因而相互干扰较小，易于调节控制。

② 膜组件置于生物反应器之外，更易于清洗更换。

③ 膜组件在有压条件下工作，膜通量较大，且加压泵产生的工作压力在膜组件承受压力范围内可以进行调节，从而可根据需要增加膜的透水率。

④ 分置式 MBR 的动力消耗较大，加压泵提供较高的压力，造成膜表面高

速错流，延缓膜污染，这是其动力费用大的原因。

⑤ 生物反应器中的活性污泥始终都在加压泵的作用下进行循环，由于叶轮的高速旋转而产生的剪切力会使某些微生物菌体产生失活现象。

⑥ 分置式 MBR 结构稍复杂，占地面积也稍大。

目前，已经规模应用的膜生物反应器大多采用分置式 MBR，但其动力费用过高，每吨出水的能耗为 2.1kW·h，是传统活性污泥法能耗的 10～20 倍，因此，针对能耗较低的一体式 MBR 的研究逐渐得到了人们的重视。

3. 复合式 MBR

复合式 MBR 在形式上仍属于一体式 MBR，也是将膜组件置于生物反应器之中，通过重力或负压出水，所不同的是复合式 MBR 是在生物反应器中安装填料，形成复合式处理系统，其工艺流程如图 3-39 所示。

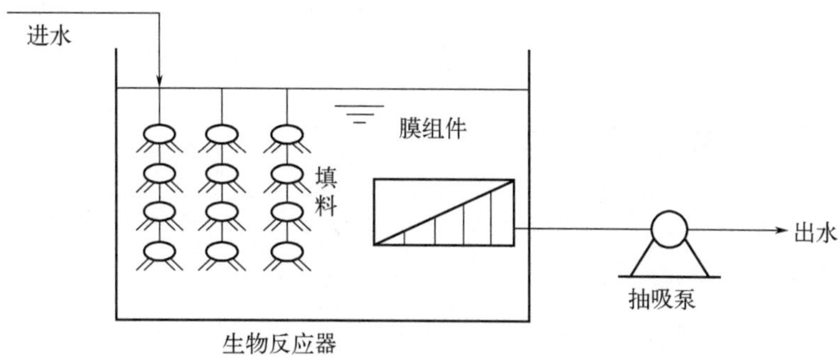

图 3-39 复合式 MBR 工艺流程

在复合式 MBR 中安装填料目的有两个：一是提高处理系统的抗冲击负荷，保证系统的处理效果；二是降低反应器中悬浮性活性污泥浓度，减小膜污染的程度，保证较高的膜通量。

（二）膜生物反应器的特点

MBR 作为一种高效污水生物处理技术，特别是在污水资源化及回用方面有着诱人的潜力，受到了世界各国环保工程师和材料科学家们的普遍关注。MBR 工艺与其他生物处理工艺相比具有明显优势，主要有以下几点。

① 能够高效地进行固液分离，分离效果远好于各种沉淀池；出水水质好，出水中的悬浮物和浊度几乎为零，可以直接回用；将二级处理与深度处理合并为一个工艺；实现了污水的资源化。

② 由于膜的高效截留作用，可以将微生物完全截留在反应器内；将反应器

的水力停留时间（HRT）和污泥龄（SRT）完全分开，使运行控制更加灵活。

③ 反应器内微生物浓度高，耐冲击负荷。

④ 反应器在高容积负荷、低污泥负荷、长污泥龄的条件下运行，可以实现基本无剩余污泥排放。

⑤ 由于采用膜法进行固液分离，使污水中的大分子难降解成分在体积有限的生物反应器中有足够的停留时间，极大地提高了难降解有机物的降解效率。同时不必担心产生污泥膨胀的问题。

⑥ 由于污泥龄长，有利于增殖缓慢的硝化菌的截留、生长和繁殖，系统硝化作用得以加强。通过适当调整运行方式，MBR 亦可具有脱氮和除磷的功能。

⑦ 系统采用 PLC 控制，可实现全程自动化控制。

⑧ MBR 工艺设备集中，占地面积小。

MBR 工艺具有许多其他污水处理方法所没有的优点，但也存在着膜污染、膜清洗、膜更换和能耗高的问题，有待进一步研究解决。

二、膜生物反应器的工艺流程

膜生物反应器在近几十年中得到了很快的发展，为达到不同的处理目的产生出很多处理工艺流程。

1. 单池一体式 MBR 工艺流程

单池一体式 MBR 将膜组件直接置于生物反应器中，反应器相当于活性污泥系统的曝气池，以膜组件代替二沉池，利用真空泵或其他类型的泵进行抽吸，得到过滤液，成为系统的出水。这种工艺流程简单、能耗少、占地小，适合于处理城市污水和含碳有机废水。

2. 分置式 MBR 工艺流程

在分置式 MBR 中，膜组件设在反应器外，反应器中的混合液由泵加压后进入膜组件，在压力的作用下过滤液成为系统的出水，活性污泥、大分子等物质被膜截留，回流到生物反应器。分置式 MBR 采用的膜组件一般为平板式和管式。部分学者认为分置式 MBR 工艺运行稳定，在操作管理和膜清洗更换方面优于一体式 MBR 工艺。

3. 双池一体式 MBR 工艺流程

双池一体式 MBR 采用两个生物反应器，其中一个为硝化反应器，另一个为反硝化反应器，工艺流程如图 3-40 所示。

膜组件浸没于硝化反应器中，两池之间通过泵输送混合液，硝化液可通过

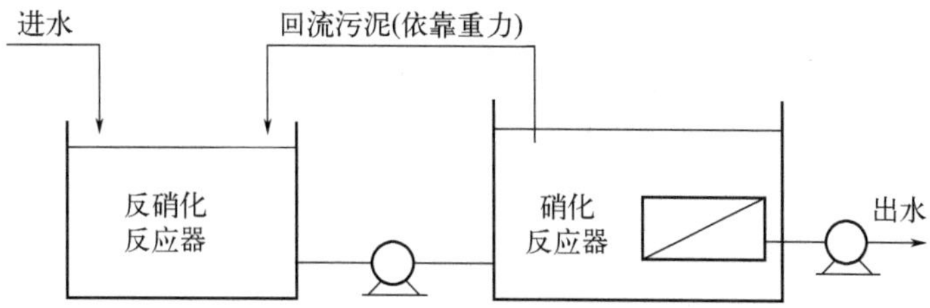

图 3-40　双池一体式 MBR 工艺流程

重力实现回流。反硝化反应器作为缺氧区，硝化反应器作为好氧区，实现硝化-反硝化生物脱氮的目的。

4. 序批式 MBR 工艺流程

序批式 MBR 是 MBR 技术与 SBR 技术的结合，既具有 MBR 的优点，又发挥了 SBR 运行灵活的优势，通过好氧-厌氧交替运行，单池可实现生物脱氮和除磷的目的，工艺流程如图 3-41 所示。

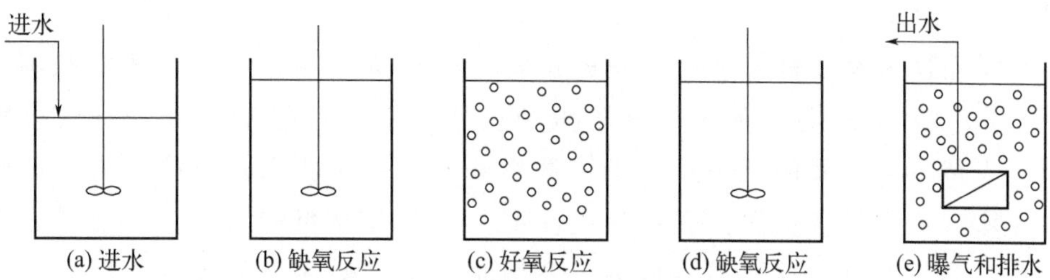

图 3-41　序批式 MBR 工艺流程

序批式 MBR 工艺具有以下特点。

① 在进水阶段反应器内的氧被迅速消耗，避免了传统前置反硝化膜生物反应器氧可以连续进入反硝化区的弊端。

② 在传统 SBR 系统中，沉淀和排水阶段占用整个循环周期的大部分时间。利用膜分离可以在反应阶段排水，完全省去沉淀和排水所需的时间。因此序批式 MBR 工艺可以缩短传统 SBR 工艺的循环周期，提高设备的利用率，见表 3-1。

表 3-1　库批式 MBR 工艺循环时间

阶段	进水期	反应期(曝气)	排水期(间歇曝气)
时间/h	0.5	2.0	3.5

三、膜生物反应器中膜污染及防治

膜生物反应器作为一种高效的水处理技术已受到重视，实际应用前景广阔。但在运行过程中，膜污染会造成膜通量的下降，直接影响膜组件的效率和使用寿命，阻碍了其在实际中的广泛应用。

（一）膜污染

造成膜污染的主要原因有膜表面的浓差极化现象、污染物在膜表面和膜孔内的吸附沉积。具体形成的原因概括起来可分为以下几种。

1. 膜的性质

膜的性质主要是指膜材料的物化性能，如由膜材料的分子结构决定的膜表面的荷电性、憎水性、膜孔径大小、粗糙度等。

与膜表面有相同电荷的料液能改善膜表面的污染，提高膜通量。憎水性膜对蛋白质的吸附小于亲水性膜，因此，能获得相对较高的膜通量。

膜孔径对膜通量和过滤过程的影响，一般认为存在一个合适的范围。分子量＜300000 时，随截留分子量增大（即膜孔径增加），膜通量随之增加；当待分离物质的分子量大于该截留分子量时，膜通量变化不大。而膜孔径增加至微滤范围时，膜通量反而减少。膜表面粗糙度的增加使膜表面吸附污染物的可能性增加，但另一方面也增加了膜表面的搅动程度，阻碍了污染物在膜表面的形成，因而粗糙度对膜通量的影响是两方面效果的综合表现。

2. 料液性质

料液性质主要包括料液固形物及其性质、溶解性有机物及其组成成分，此外料液的 pH 值等也影响膜污染。当活性污泥存在时，污泥浓度过高会对膜分离产生不利影响。

3. 膜分离的操作条件

当操作压力低于临界压力时，膜通量随压力增加而增加，而高于此值时会引起膜污染的加剧，膜通量随压力的变化不大。

膜面流速的增加可以增大膜表面水流搅动程度，改善污染物在膜表面的积累，提高膜通量。但膜面流速的增加使膜表面污染层变薄，有可能会造成不可逆的污染。升高温度有利于膜的过滤分离过程。

（二）膜污染的防治措施

1．对料液进行有效处理

对料液（原水）采取有效的预处理，以达到膜组件进水的水质指标，如预絮凝、预过滤或改变溶液 pH 值等方法，以脱除一些能与膜相互作用的溶质。

2．选择合适的膜材料

膜的亲疏水性、荷电性会影响膜与溶质间相互作用大小，通常认为亲水性膜及膜材料电荷与溶质电荷相同的膜较耐污染。有时为了改进疏水膜的耐污染性，可用对膜分离特性不产生影响的小分子化合物对膜进行预处理，如采用表面活性剂，在膜表面覆盖一层保护层，这样就可以减少膜的吸附。但由于表面活性剂是水溶性的，且靠分子间弱作用力与膜黏结，所以很容易脱落。为了获得永久性耐污染特性，人们常用膜表面改性方法引入亲水基团，或复合一层亲水性分离层形成复合膜，或采用阴极喷镀法在膜表面镀一层碳。

3．选择合适的膜结构

膜结构的选择对防止膜污染具有一定的作用。对称结构的膜比不对称结构的膜更容易受到污染。

4．改善膜面流体力学条件

改善膜面附近料液侧的流体力学条件，如提高进水流速或采用错流等方法，减少浓差极化，使被截留的溶质及时被水流带走。

5．采用间歇操作的运行方式

一体式 MBR 膜组件连续工作时间不能超过一定的范围，否则会快速造成膜污染。缩短工作时间，延长空曝气时间，适当增大曝气量有利于减缓悬浮固体和溶解性有机物在膜面的沉积和污染。因此，膜组件在工作一定时间后，应停止出水，进行空曝气，以减小膜污染。

6．投加吸附剂改善料液特性

向生物反应器内投加某种吸附剂，如粉末活性炭（PAC），有助于改善污泥混合液的特性，减小过滤的阻力，提高膜通量，并能提高 MBR 的处理效率。PAC 投入反应器中，可有效地吸附水中的低分子量的溶解性有机物，将其转移至活性污泥絮体中，再利用膜截留去除污泥颗粒的特性，将低分子量的有机物从水中去除，这不但提高了有机物的去除效率，而且减少了有机物在膜表面和膜孔内的吸附沉积造成膜污染的可能性。PAC 吸附在膜表面，形成一层多孔膜，这层膜较为松软，容易被去除，减轻了膜清洗的难度。因此，在生物反应器内投加吸附剂，改善料液特性对于防止膜污染、提高反应器处理效率是有利的。

7. 其他事项

减少设备结构中的死角和死空间间隙，可以防止滞留物在此变质，扩大膜污染。使用消毒剂可防止微生物、细菌及有机物的污染。如果膜长期停用（5d以上），例如长期保养时，设备需用体积分数为0.5%的甲醛溶液浸泡。膜清洗保养的最佳原则是不能让膜变干。膜的保存也要针对不同的膜采取不同的方法。例如聚砜中空纤维膜必须在湿态下保存，并以防腐剂浸泡。另外，根据水质和水处理要求，应注意选择合适的膜材料。

四、膜污染后的清洗

即便采取各种措施维护和预防，还是会存在不同程度的膜污染。因此，必须不断及时处理膜污染才能保证正常进行过滤工作，取得预期效果。

（一）物理方法

1. 反冲洗

定期用清水进行反冲洗，可以减轻膜污染。反冲洗周期和反冲洗时间应根据实验确定。

2. 采用水和空气混合流体

混合流体在低压下冲洗膜表面15min，对初期受有机物污染的膜是有效的。

3. 去除污染物

对内压管膜的清洗可以采用海绵球。海绵球的直径比膜管的直径大一些，在管内通过水力控制海绵球流经膜表面，对膜表面的污染物进行强制性去除。但去除硬质垢时，易损伤膜表面。

4. 其他方法

近年来，电场过滤、脉冲清洗、脉冲电解及电渗透反冲洗等方法也相继出现，取得了较好效果。

（二）化学方法

化学清洗通常是用化学清洗剂，如稀酸、稀碱、酯、表面活性剂、络合剂和氧化剂等，对于不同种类的膜，选择化学剂要慎重，以防止化学清洗剂对膜的损害。选用酸类清洗剂，可以溶解除去矿物质，而采用NaOH水溶液可有效地脱除蛋白质污染；对于蛋白质污染严重的膜，用含质量分数为0.5%蛋白酶的 0.01mol/L NaOH 溶液清洗 30min 可有效地恢复透水量。在某些应用中，如多糖等，可用湿水浸泡清洗，即可基本恢复初始透水量。

第四节　人工湿地污水处理技术

一、人工湿地的类型与构造

人工湿地是人工建造的、可控制的和工程化的湿地系统，其设计和建造是通过对湿地自然生态系统中的物理、化学和生物作用的优化组合来进行污水处理。

人工湿地污水处理技术是 20 世纪 70～80 年代发展起来的一种污水生态处理技术。由于它能有效地处理多种多样的污水，如生活污水、工业废水、垃圾渗滤液、地面径流雨水、合流制下水道暴雨溢流水等，且能高效地去除有机污染物，氮、磷等营养物，重金属，盐类和病原微生物等多种污染物，具有出水水质好，氮、磷去除处理效率高，运行维护管理方便，投资及运行费用低等特点，近年来获得迅速的发展和推广应用。

采用人工湿地处理污水，不仅能使污水得到净化，还能够改善周围的生态环境和景观效果。小城镇周围的坑塘、废弃地等较多，有利于建设人工湿地处理系统。

1. 人工湿地的基本结构

人工湿地一般由以下的结构单元构成：a. 底部的防渗层；b. 由填料、土壤和植物根系组成的基质层；c. 水体层和湿地植物（主要是根生挺水植物），见图 3-42。

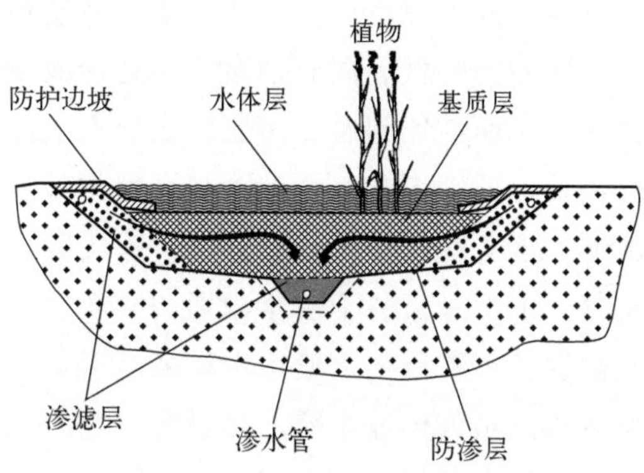

图 3-42　人工湿地的结构示意图

潜流型湿地在正常运行情况下不存在明显的水体层，但在水力坡度设计不合理或基质层发生堵塞时，潜流型湿地中也会出现自由水面型湿地的某些特征，如部分地区形成位于基质层以上的水体层。

2. 人工湿地的类型

人工湿地可以分为表流人工湿地和潜流人工湿地。

(1) 表流人工湿地　表流人工湿地是用人工筑成水池或沟槽状，然后种植一些水生植物，如芦苇、香蒲等，见图 3-43。

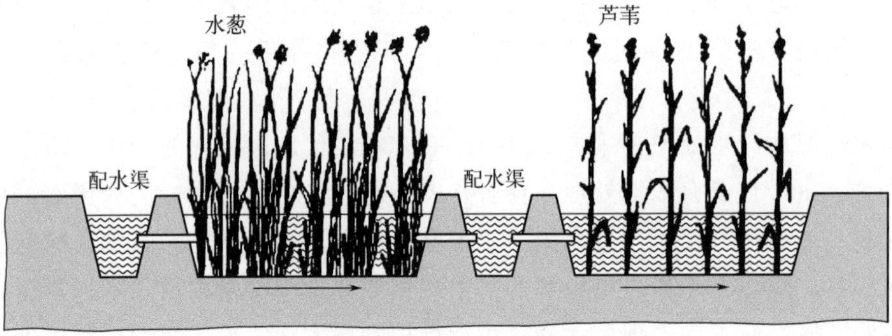

图 3-43　表流人工湿地

在表流人工湿地系统中，污水从进口以一定深度缓慢流过湿地表面，部分污水蒸发或渗入湿地，出水经溢流堰流出，水的流动更接近于天然状态。表流人工湿地水位较浅，多在 0.3～0.5m 之间。

根据表流人工湿地中占优势的大型水生植物种类的不同，可以分为挺水植物系统、浮水植物系统和沉水植物系统三种形式。对于处理污水的人工湿地系统而言，主要应用挺水植物系统，尤其是种植芦苇、水葱、蒲草、香蒲、灯芯草等的湿地系统。

这种湿地系统中污染物的去除也主要是依靠生长在植物水下部分的茎、杆上的生物膜完成的，处理能力较低。同时，该系统处理效果受气候影响较大，在寒冷地区冬天还会发生表面结冰问题。因此，表流人工湿地单独使用较少，大多和潜流人工湿地或其他处理工艺组合在一起。但这种系统投资小。

(2) 潜流人工湿地　潜流人工湿地的水面位于基质层以下。基质层由上下两层组成，上层为土壤，下层是由易于使水流通的介质组成的根系层，如粒径较大的砾石、炉渣或砂层等，在上层土壤层中种植芦苇等耐水植物。铺设防渗层或防渗膜，以防止污水流出该处理系统，并具有一定的坡度。

潜流人工湿地的水流是在湿地床的内部流动，因而一方面可以充分利用填料表面生长的生物膜、丰富的植物根系及表层土和填料截留等的作用，以提高其处理效果和处理能力；另一方面则由于水流在地表以下流动，故具有保温性较好、处理效果受气候影响小、卫生条件较好的特点。其缺点是建造费用比表流人工湿地高。

根据湿地中水流动的状态可将人工湿地分为水平流潜流人工湿地（图 3-44）、垂直流潜流人工湿地（图 3-45）和复合流潜流人工湿地（图 3-46）。

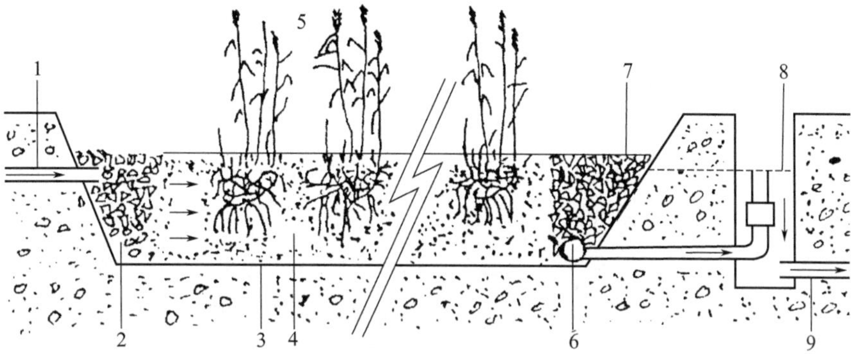

图 3-44　水平流潜流人工湿地

1—预处理污水；2—布水区；3—防渗层；4—填料层；5—植物；6—出水集水管；7—集水区；8—水位控制井；9—排水沟

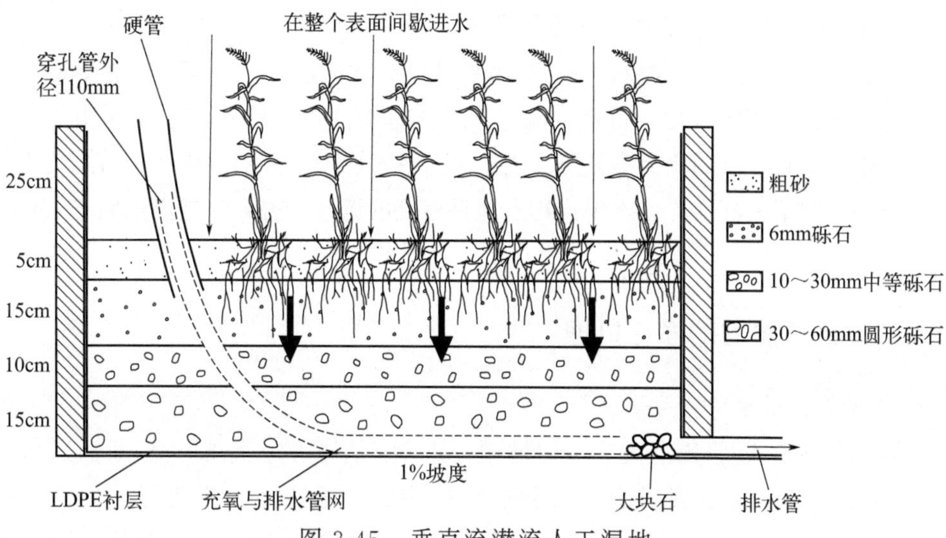

图 3-45　垂直流潜流人工湿地

① 水平流潜流人工湿地。其水流从进口起在根系层中沿水平方向缓慢流动，出口处设水位调节装置和集水装置，以保持污水尽量和根系层接触。根系层填料由表层土壤、中层砾石和下层小豆石三层组成。在表层土壤种植耐水性植物，如芦苇、茳芏（俗称席草）、蒲草和大米草等。填料和植物根系的存在

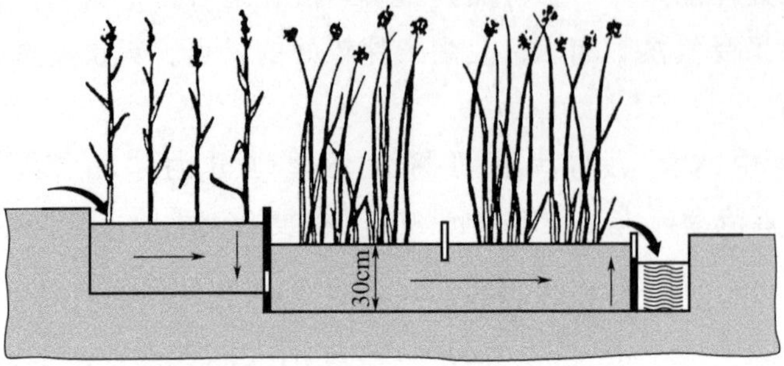

图 3-46　复合流潜流人工湿地

为各种微生物提供了附着的载体，形成了去除有机污染物的微环境。同时，它们也提供了污水渗流的良好水力条件。

② 垂直流潜流人工湿地。水流方向和根系层呈垂直状态，其出水装置一般设在湿地底部。与水平流潜流人工湿地相比，这种床体形式的主要作用在于提高氧向污水及基质中的转移效率。其表层通常为渗透性能良好的砂层，间歇进水。污水被投配到砂石床上后，淹没整个表面，然后逐步垂直渗流到底部，由底部的排水管网予以收集。在下一次进水间隙，允许空气填充到床体的填料间，这样下一次投配的污水能够和空气有良好的接触条件，提高氧转移效率，以此来提高 BOD 去除和氨氮硝化的效果。

③ 复合流潜流人工湿地。特点是填料层中的水流既有水平流，也有竖向流。其中第一级为芦苇床湿地，以水平流和下向垂直流的组合流的流态流入第二级湿地；由于它具有很强的除污染效能，用以去除污水中大部分的污染物和污染负荷。第二级为灯芯草床湿地，以水平流和上向垂直流的组合流态经溢流出水堰流入出水渠中。

二、人工湿地的净化机理

1. 悬浮固体物质的去除

在表流人工湿地和潜流人工湿地中，进水悬浮物的去除都在湿地的进口处5～10m 内完成，这主要是基质层填料、植物的根系和茎、腐殖层的过滤和阻截作用。在表流人工湿地中，水流沿地表面均匀和缓慢流动使悬浮物沉降；湿地中的物理、化学和生物吸附作用都能够去除细小的悬浮物。在潜流人工湿地中，平整的基质层底面及其适宜的水力坡度，使进入湿地的污水不发生地表漫流，而使污水全部流经基质层，这对提高悬浮物的去除效率至关重要。

2. 有机物的去除与转化

人工湿地对有机物的去除途径主要有可溶性有机物通过植物根系生物膜的

吸附、吸收及生物代谢降解过程而被分解去除几个方面。不溶性有机物通过湿地的沉淀、过滤作用可以很快地被截留继而被微生物利用。另外，植物能够吸收部分有机物，一些填料也能吸附有机物，最终可以通过定期更换湿地床填料及收割湿地植物去除有机物。

3. 氮的去除与转化

人工湿地对氮的去除主要靠微生物的氨化、硝化和反硝化作用。在处于饱和状态的基质中生长的水生植物，可以增加湿地基质的透气性，同时湿地植物又能将空气传输到其根部，因此，使植物根系上附着的生物膜有着好氧、厌氧、缺氧降解区，进而发生氨化、硝化和反硝化反应。氨氮被湿地植物和微生物同化吸收，转变为有机体的一部分，通过定期收割植物也是人工湿地除氮的一个途径，但在植物的枯萎和死亡期去除效率较低，湿地对氮的吸收为12～120gN/（m^2·a)。另外，氨氮在较高pH值（>8）下会挥发至大气中，也能去除一小部分氮。

4. 磷的去除与转化

湿地中磷的存在形式有：有机磷化合物、不溶性磷酸盐和可溶性磷酸盐三种。有机磷化合物主要存在于微生物和植物体内，不溶性磷酸盐是磷的主要存在形式，可溶性磷酸盐是唯一能够被微生物和植物利用的形式。

人工湿地对磷的去除是由植物吸收、微生物去除及物理化学作用而完成的。无机磷在植物吸收及同化作用下，可变成植物的有机成分，通过植物的收割而得以去除。可溶性的无机磷酸盐很容易与土壤中的Al^{3+}、Fe^{3+}、Ca^{2+}等发生化学沉淀反应，所以采用含钙质的填料或膨胀黏土有助于磷的去除。磷的另一去除途径是通过微生物对磷的正常同化吸收，即聚磷菌对磷的过量积累，通过对湿地床的定期更换而将其去除。

5. 难降解有机化合物的去除

与传统的污水处理工艺相比，湿地处理系统能更有效地去除难降解有机化合物如苯、酚、萘酸、杀虫剂、除草剂、氯化物和芳香族的烃类化合物。土壤是一个巨大的微生物资源库，能分解的有机化合物的数量远远大于单一的污水处理构筑物；湿地中也存在种类繁多、数量巨大的微生物群落和多种沼生植物群落，通过它们的共同作用，能够降解复杂有机化合物。有的研究发现湿地植物如芦苇能直接吸收一些难降解的有机化合物。

6. 病原菌的去除与转化

病原菌是由水中的总悬浮固体（TSS）带入湿地中的，因此是通过沉淀、拦截等去除的。病原菌的去除与TSS的去除和水力停留时间有关。

7. 金属的去除和转化

湿地中金属去除的机理主要有：植物的吸收和生物富集作用，土壤胶体颗粒的吸附（离子交换），以及成为不可溶的沉淀物，如硫酸盐、碳酸盐、氢氧化物等。金属被吸收的程度要视金属类型和湿地植物类型而定。

8. 其他有机化合物的去除和转化

农药、肥料、化学药剂等的去除是由化合物特性、湿地类型、植物种类和它们的环境因素决定的。去除机理主要包括挥发、沉淀、拦截、生物降解、吸附等。另外，还有一些有机化合物是通过植物吸收后，随植物降解又回到其他水体中，从而得以去除。

第四章

深度处理方法与消毒

第一节　深度处理方法及处理构筑物

一、深度处理工艺

城市污水深度处理工艺取决于污水处理厂二级处理出水水质及深度处理出水水质要求。

1. 以一级A排放标准为水质目标的深度处理

以一级A排放标准为目标的深度处理工艺一般是在二级处理的基础上，增加混凝—沉淀—过滤深度处理工艺。该工艺能够进一步去除二级生化处理厂未能除去的胶体物质、磷、悬浮物和有机污染物。

在实际工程中，混凝—沉淀—过滤工艺由于处理构筑物不同，还可以演变为以下几个工艺。

① 二级处理出水—高密度沉淀池—过滤。

② 二级处理出水—混凝—沉淀—滤布滤池。

③ 二级处理出水—高密度沉淀池—滤布滤池。

对于二级处理出水水质较好的污水处理厂，深度处理也可以采用下列工艺。

① 二级处理出水—微絮凝—过滤。

② 二级处理出水—过滤。

③ 深度处理出水（或二级处理出水）—人工湿地。

2. 高于一级A排放标准的深度处理

以再生利用为目的，或者接纳污水厂排放的水体对水质有更高要求，这种情况下污水处理厂的排水水质一般要高于一级A排放标准，此时的深度处理工艺应根据排水水质要求确定深度处理工艺。

对有机物要求比较严格的处理，可以考虑在混凝—沉淀—过滤工艺中增加高级氧化处理工艺单元，如臭氧氧化、芬顿试剂法等。

为了进一步去除水中的氮和悬浮物，可以采用深床反硝化滤池。深床反硝化滤池对磷也有进一步净化的功能。该工艺性能稳定，处理效果好，运行成本低。

经过深度处理后，出水中的某些污染物指标仍不能满足再生利用水质要求时，则应考虑在深度处理后增设粒状活性炭吸附工艺。

在深度处理工艺后增设人工湿地也是常见的一种方法。如果人工湿地在深度处理中起主要作用就采用潜流人工湿地；如果仅是采用人工湿地进一步提升水质，就可以采用表流人工湿地。

另外，离子交换、超滤、纳滤、反渗透等技术也可以用于深度处理工艺中。

二、传统深度处理主要构筑物

（一）混凝

混凝的目的是通过投加混凝剂，增大颗粒粒径，加速悬浮杂质的沉淀，去除悬浮物和胶体物质。由于原水中的细菌等微生物大多裹挟在悬浮物当中，经过混凝沉淀，细菌等微生物可以有较大程度的降低。同时，混凝对原水中天然大分子有机物和某些合成有机物也有一定的去除效果。

混凝包括混合和絮凝两个过程。

1. 混合

混合的作用就是将投入的药剂在短时间内充分、均匀地扩散于水中。常用混合设施主要有混合池、管式静态混合器和机械混合池。

(1) 混合池　污水深度处理混合池主要有隔板式混合池和往复式混合池。

隔板式混合池如图 4-1 所示。池体为钢筋混凝土或钢制，池内设隔板，药剂于隔板前投入，水在隔板通道间流动过程中与药剂达到充分的混合。混合效果比较好，但占地面积大，压头损失也大。

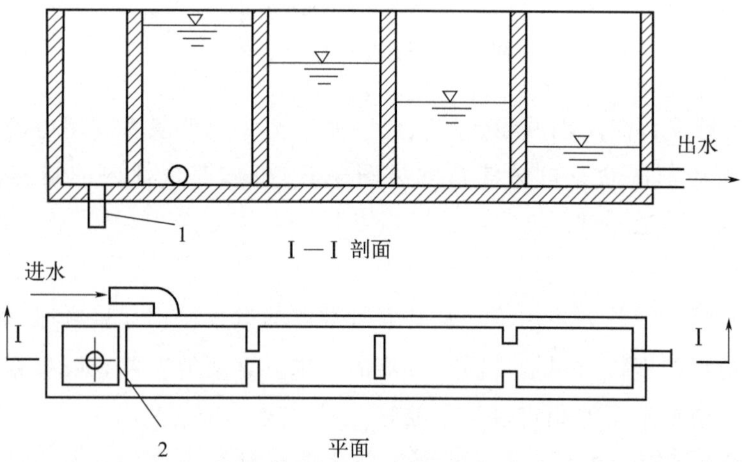

图 4-1　隔板式混合池

1—溢流管；2—溢流堰

往复式混合池如图 4-2 所示。池内设 6～7 块隔板，间距不小于 0.7m，水流在池内做往复运动，进而达到混合的目的。水在隔板间流速 v=0.9m/s，停留时间为 1.5min，适用于污水量大于 30000m^3/d 的污水厂。

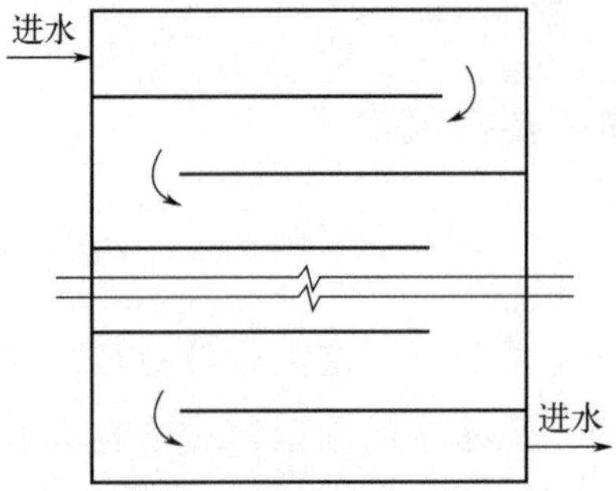

图 4-2 往复式混合池

(2) 管式静态混合器 管式静态混合器内按要求安装若干固定混合单元。每一混合单元由若干固定叶片按一定角度交叉组成。水流和药剂通过混合器时，将被单元体多次分割、改向并形成涡旋，达到混合目的。这种混合器构造简单，无活动部件，安装方便，混合快速而均匀。图 4-3 为其中一种管式静态混合器。这种混合器水头损失稍大，但混合效果好。缺点是当流量过小时混合效果下降。

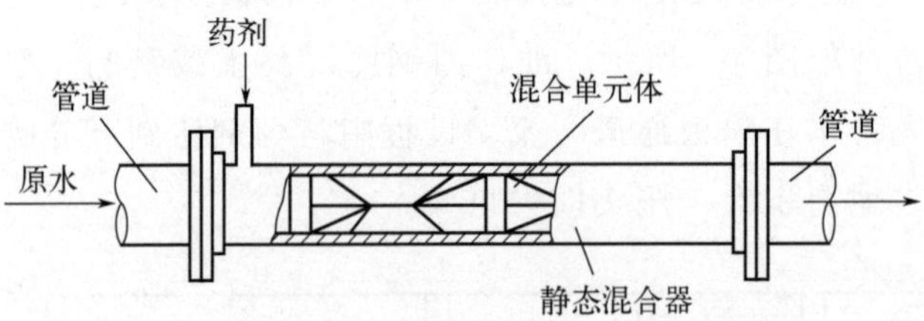

图 4-3 管式静态混合器

(3) 机械混合池 机械混合是在混合池内安装搅拌装置，用电动机驱动搅拌器使水和药剂混合。机械混合池见图 4-4。机械混合池内的搅拌器有桨板式、螺旋桨式或透平式。

2. 絮凝

絮凝过程是在外力作用下，具有絮凝性能的微絮粒相互接触碰撞，从而形成更大的稳定的絮粒，以适应沉降分离的要求。絮凝池主要有隔板絮凝池、折板絮凝池、网格絮凝池和机械絮凝池等。

(1) 隔板絮凝池 隔板絮凝池是较常用的一种絮凝池，分为往复式和回转式两种。图 4-5 为往复式隔板絮凝池。隔板絮凝池适用于大中型污水厂，一般处理水量的规模大于 30000m^3/d，单个池的处理水量为 10^3～10^4 m^3/d。

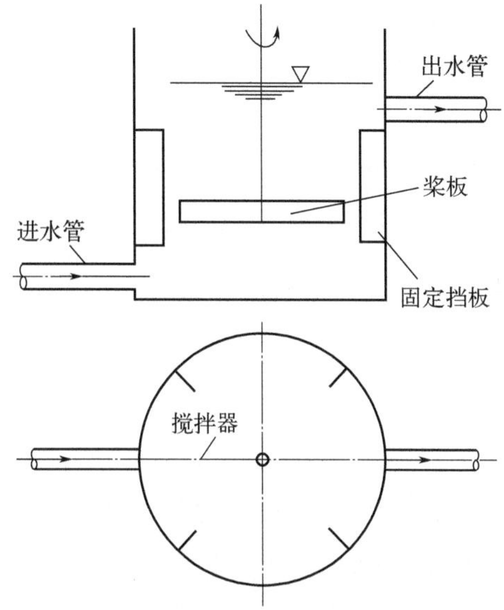

图 4-4 机械混合池

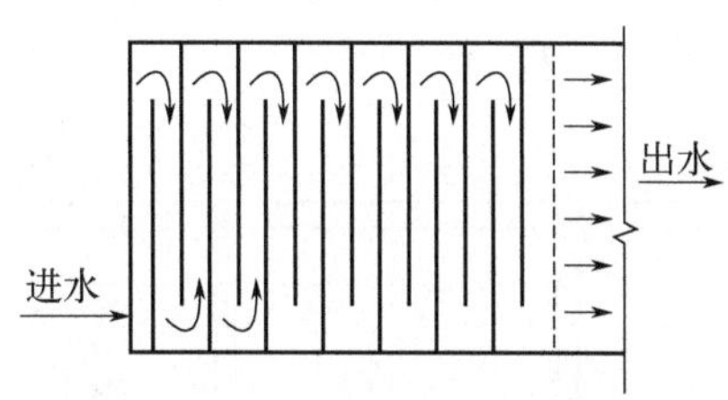

图 4-5 往复式隔板絮凝池

（2）折板絮凝池 折板絮凝池是近年来发展的一种絮凝池布置形式，把池内呈直线的隔板改成呈折线的隔板。折板絮凝池根据折板相对位置的不同可以分为异波折板和同波折板两种。异波折板的水头损失较大，同样流速时的速度梯度（G）值较高。同波折板的水头损失相对较小，G 值较低。絮凝池的布置方式按照水流方向可分为竖流式和平流式，目前多采用竖流式。折板絮凝池一般在前段布置异向折板，中间布置同向折板，后段布置竖流隔板，见图 4-6。

折板絮凝池中水流在同向折板之间曲折流动或在异向折板之间缩放流动，提高了颗粒碰撞的絮凝效果，缩短了絮凝时间，使池的体积减小。折板絮凝池安装维修较困难，费用较高。折板絮凝池适用于各种规模的污水厂，但是需要污水量变化不大。

（3）网格絮凝池 网格絮凝池是在池内沿流程一定距离的过水断面中设置网格。水流通过网格时，相继收缩、扩大，形成旋涡，使絮粒碰撞。其构造一般由安装多层网格的多格竖井组成，各竖井之间的隔墙上、下交错开孔。各竖

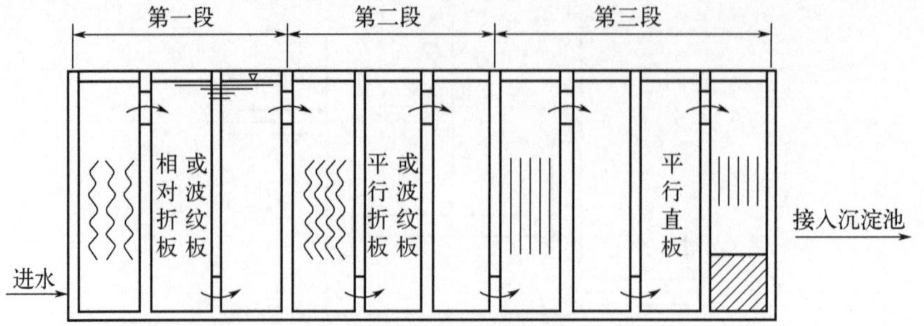

图 4-6　折板絮凝池

井的过水断面尺寸相同，平均流速相同。絮凝池的能耗由不同规格的网格及层数进行控制，一般分为三段，前段采用密网，中段采用疏网，末段不安装网，絮凝过程中 G 值发生变化。网格絮凝池的絮凝效果较好，絮凝时间相对较少，水头损失小。其缺点是网眼易堵塞，池内平均流速较低，容易积泥。

(4) 机械絮凝池　机械絮凝池利用电机经减速装置带动搅拌器对水流进行搅拌，使水中的颗粒相互碰撞，完成絮凝。目前我国的机械絮凝通常采用旋转的方式，搅拌器采用桨板式，搅拌轴有水平轴式和垂直轴式两种，如图 4-7 所示。

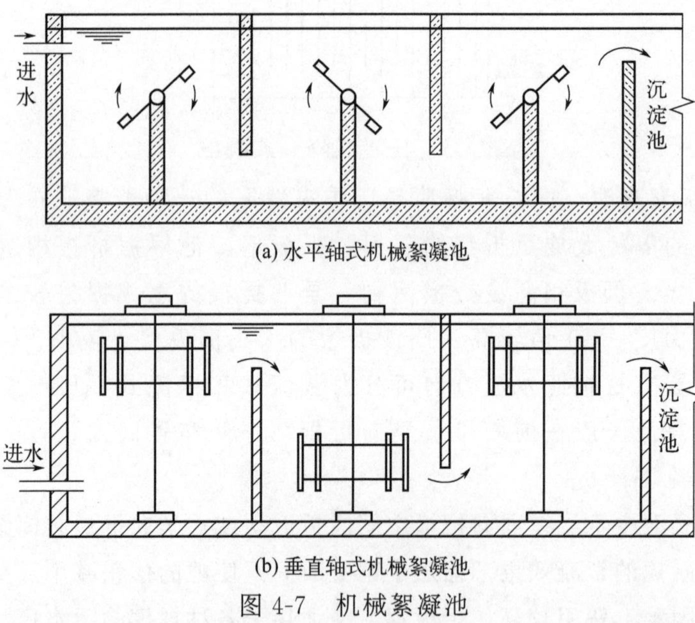

(a) 水平轴式机械絮凝池

(b) 垂直轴式机械絮凝池

图 4-7　机械絮凝池

机械絮凝池一般采用多格串联，适应 G 值的变化，提高絮凝效果。机械絮凝池的絮凝效果好，可以根据水质、水量的变化随时改变桨板的转速，水头损失少。缺点是增加机械维修工作。机械絮凝池适用各种水质、水量及变化较大的原水。

（二）沉淀

加药混凝后的水应进入沉淀池进行沉淀，进而达到泥水分离的目的。深度处理常用的沉淀池包括平流沉淀池、斜板（管）沉淀池，其结构形式参见本书第二章相关内容。

（三）过滤

过滤的目的是进一步去除沉淀不能去除的悬浮物质。传统深度处理工艺常用的过滤构筑物主要有滤池和压力过滤器等。常用的滤池主要有普通快滤池和V型滤池等。

1. 普通快滤池

普通快滤池采用的是传统快滤池的布置形式，滤料一般为单层细砂级配滤料或煤、砂双层滤料，冲洗采用单水冲洗，冲洗水由水塔（箱）或水泵供给。普通快滤池如图4-8所示。滤池外部由滤池池体、进水管、出水管、冲洗水管、冲洗水排出管等管道及其附件组成；滤池内部由冲洗排水槽、进水渠、滤料层、垫料层（承托层)、排水系统（配水系统）组成。

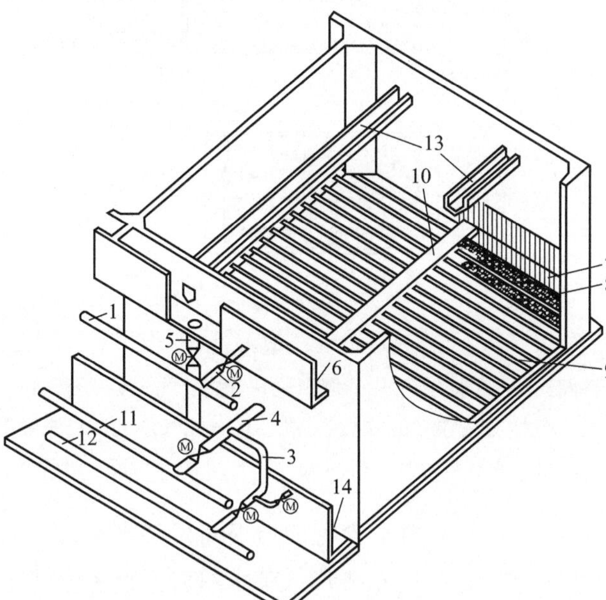

图4-8 普通快滤池

1—浑水进水干管；2—进水支管阀门；3—清水支管阀门；4—支管；5—排水阀；6—浑水渠；7—滤料层；8—承托层；9—配水支管；10—配水干管；11—冲洗水干管；12—清水干管；13—冲洗排水槽；14—废水渠

2. V 型滤池

V 型滤池因其进水槽形状呈 V 字形而得名。滤料采用均质滤料，即均粒径滤料，所以也叫作均粒滤料滤池。整个滤料层在深度方向的粒径分布基本均匀，在底部采用带长柄滤头底板的排水系统，不用设砾石承托层。V 形进水槽和排水槽分别设于滤池两侧，池子可沿着长的方向发展。V 型滤池如图 4-9 所示。

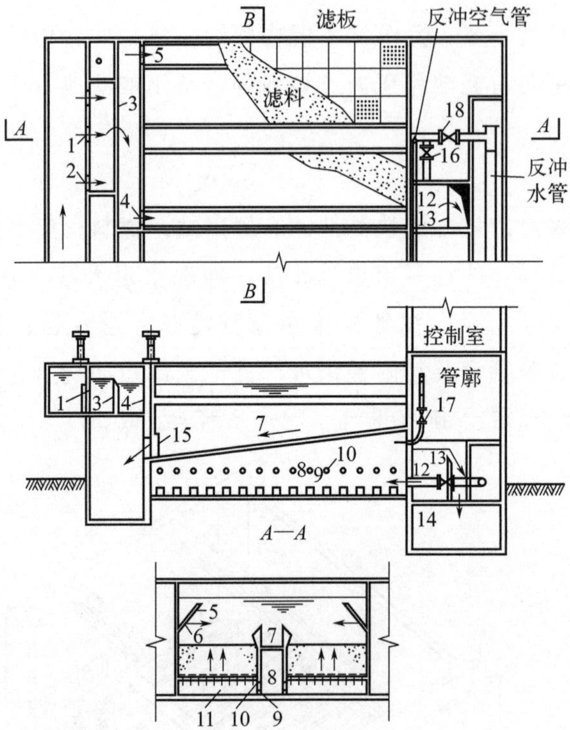

图 4-9 V 型滤池

1—进水气动隔膜阀；2—进水方孔；3—堰口；4—侧孔；5—V 形槽；6—扫洗水小孔；7—中央排水渠；8—气水分配渠；9—配水方孔；10—配气小孔；11—底部空间；12—水封井；13—出水堰；14—清水渠；15—排水阀；16—清水阀；17—进气阀；18—冲洗水阀

V 型滤池采用的是均粒滤料，含污能力很高；气水反洗、表面冲洗结合，反冲洗的效果比其他滤池好；反冲洗布气布水均匀。但单个池子的面积很大，池体的结构复杂，滤料较贵；产水量大时，比同规模的普通快滤池基建投资造价高。V 型滤池适用于各种污水厂，特别是大中型的污水厂。

3. 压力过滤器

压力过滤器是一个承压的密闭的过滤装置，内部构造与普通过滤池相似。

立式两层滤料的压力过滤器如图 4-10 所示。

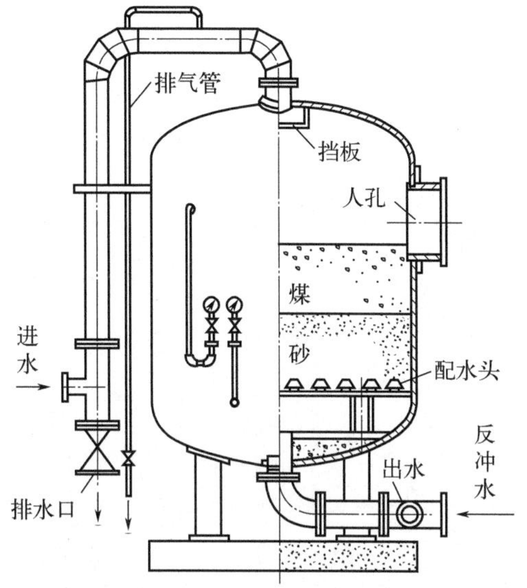

图 4-10　立式两层滤料的压力过滤器

其主要特点是可以承受压力，可利用过滤后的余压将出水送到用水地点或远距离输送。压力过滤器过滤能力强、容积小、设备定型、使用的机动性大。但是单个过滤器的过滤面积较小，只适用于规模较小的深度处理。

通常采用立式压力过滤器，直径不大于 3m。滤层以下为厚度 100mm 的卵石垫层（d=1.0～2.0mm），排水系统为过滤头。在一些污水处理系统中，排水系统处还安装压缩空气管，用以辅助反冲洗。反冲洗废水通过顶部的漏斗或设有挡板的进水管收集并排除。压力过滤器外部还安装有压力表、取样管，及时监督过滤器的压力损失和水质变化。过滤器顶部设有排气阀，排除过滤器内和水中析出的气体。

三、其他深度处理构筑物

1. 高密度沉淀池

高密度沉淀池主要的技术是载体絮凝技术，是一种快速沉淀技术，其特点是在混凝阶段除了投加混凝剂外，还投加高密度的不溶介质颗粒，如细砂、浓缩后的污泥等，利用介质的重力沉降及载体的吸附作用加快絮体的生长及沉淀。其工作原理是首先向水中投加混凝剂（如聚合氯化铝），使水中的悬浮物及胶体颗粒脱稳，然后投加高分子助凝剂和密度较大的载体颗粒，使脱稳后的杂质颗粒以载体为絮核，通过高分子链的架桥吸附作用以及微砂颗粒的沉积网捕作用，快速生成密度较大的矾花，从而大大缩短沉降时间，提高澄清池的处理能力，并有效应对高冲击负荷。

高密度沉淀池有多种形式，图 4-11 所示为法国得利满公司发明的一种高密度沉淀池（DENSADE）。

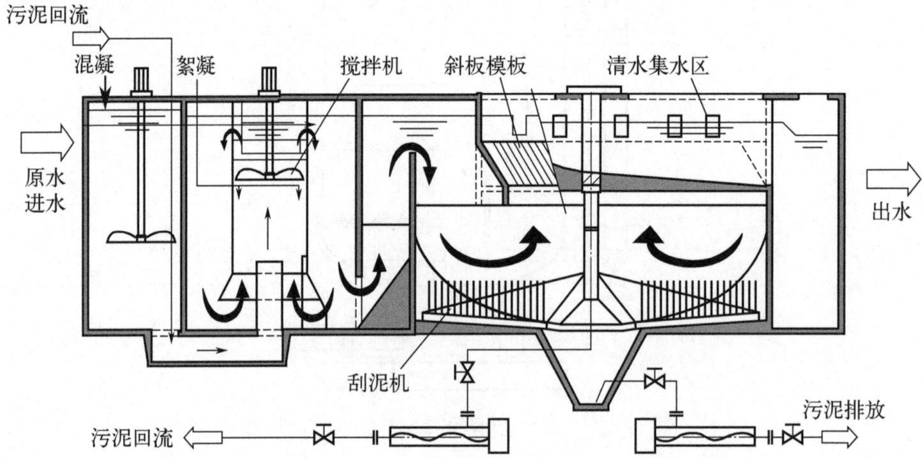

图 4-11　高密度沉淀池

该高密度沉淀池是将浓缩后的具有活性的污泥循环回流作为载体介质，借助高浓度优质絮体群的作用，大大改善和提高絮凝和沉淀效果。这种高密度沉淀池是混合凝聚、絮凝反应、沉淀分离三个单元的综合体，即把混合区、絮凝区、沉淀区在平面上呈一字形紧密串接成为一个有机的整体而成。该工艺是在传统的斜管式混凝沉淀池的基础上，充分利用加速混合原理、接触絮凝原理和浅池沉淀原理，把机械混合絮凝、机械强化絮凝、斜管沉淀分离三个过程进行优化组合，从而获得优良的处理性能。

2. 转盘过滤器

转盘过滤器是由用于支撑滤网的两块垂直安装于中央给水管上的平行圆盘形成的一个个滤盘串联起来组成的污水过滤设备。用于过滤的二维滤网既可为聚酯材料，也可为 316 型不锈钢。转盘滤池工作原理见图 4-12。

滤前水通过中央给水渠进入转盘过滤器内，向外侧流动通过滤网。在正常操作条件下，滤布表面面积 60%～70% 浸没于水中，并根据水头损失的不同，以 1～8.5r/min 转速不断旋转。

转盘过滤器可采用间歇或连续反洗两种模式操作。当以连续反洗模式操作时，转盘过滤器的滤盘在生产滤过水的同时进行反洗。在转动开始时，给水进入中央进水管并通过此管分配到各滤盘内，尽管转盘过滤器浸于水中，但水和

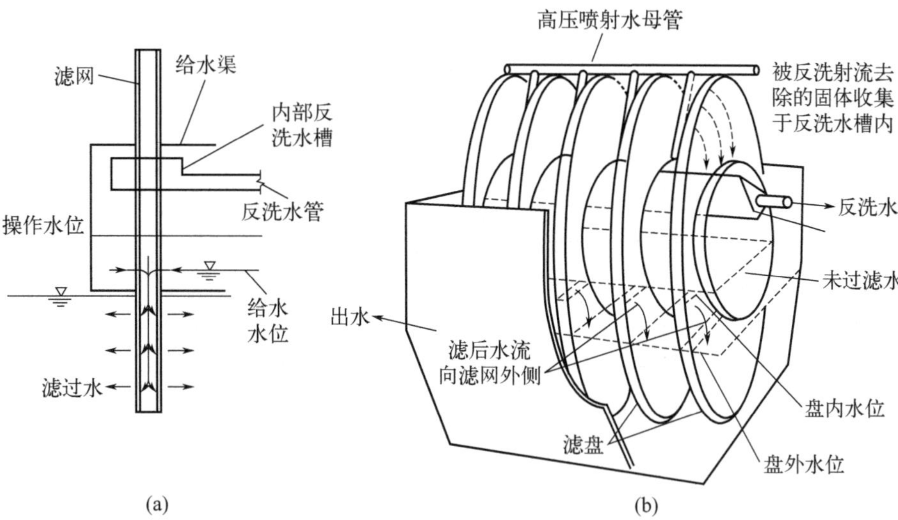

图 4-12　转盘过滤器工作原理

小于滤网孔眼的颗粒则通过滤网进入出水收集槽内，大于滤网孔径的颗粒被截留在滤盘内。当滤盘继续转动超过出水水位时，滤盘内剩余的给水继续通过滤网过滤，一直到盘内无剩余给水为止，而载有截留固体的滤盘继续转动通过反洗水喷枪处时，滤网上截留的颗粒就被冲离滤网表面，反洗水与固体的混合物存入反洗水槽内，通过反洗喷嘴后，清洗干净的滤盘又重新开始过滤。当转盘过滤器以间歇反洗模式操作时，反洗水喷枪只有在通过过滤器后的水头损失达到预先设定值时才执行清洗动作。

3. 高效纤维束滤池

高效纤维束滤池由池体、滤料、滤板、布水系统、布气系统、滤料密度调节装置、管道、阀门、反洗水泵、反洗风机、电气控制系统等组成，如图 4-13 所示。

高效纤维束滤池滤料是一种新型的纤维束软填料，其直径可达几十微米甚至几微米，属微米级过滤技术，具有比表面积和表面自由能大、过滤阻力小等特点，增加了水中杂质颗粒与滤料的接触机会和滤料的吸附能力，大大地提高了过滤效率和截污容量。滤池内设有纤维密度调节装置，针对实际运行的水质和过滤要求对纤维束滤料的密度进行调节。高效纤维滤池运行时，纤维密度调节装置控制一定的滤层压缩量，使滤层孔隙度沿水流方向逐渐缩小，密度逐渐增大，相应滤层孔隙直径逐渐减小，实现了理想的深层过滤。当滤层达到截污容量需清洗再生时，纤维束滤料在气水脉动作用下即可方便地进行清洗，达到有效恢复纤维束滤料过滤性能的目的。滤层的加压及放松过程无需额外动力，

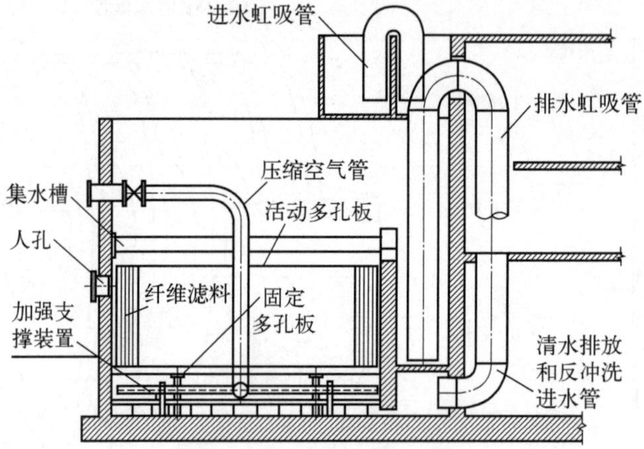

图 4-13　高效纤维束滤池

均可通过水力自动实现。

滤料的清洗采用水洗—气水合洗（水为脉动）—水洗的工艺，具有清洗效率高、无需药剂浸泡、自耗水量低等优点。滤层在反冲洗水的作用下被充分放松，纤维束滤料恢复到松弛的舒展状态，在气水混合擦洗的作用下，将过滤截留下的污染物从滤层中洗脱并排出，使滤料恢复过滤性能。

4. *反硝化深床滤池*

反硝化深床滤池是集生物脱氮及过滤功能为一体的处理单元。反硝化深床滤池的结构形式与一般生物滤池基本相同，见图 4-14。

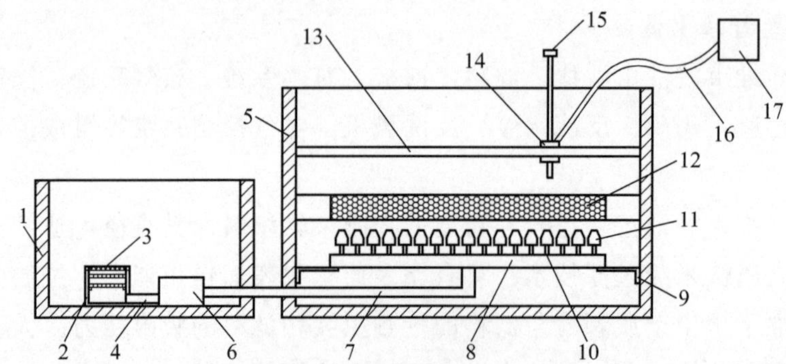

图 4-14　反硝化深床滤池

1—清水池；2—过滤箱；3—过滤网；4—抽水管；5—滤池；6—水泵；7—输水管；8—反冲水箱；9—支撑架；10—连接管；11—喷头；12—滤料；13—横杆；14—滑块；15—手架；16—输气软管；17—气泵

反硝化深床滤池的滤床深度要大一些，通常为 1.8m。反硝化滤池采用特殊规格及形状的石英砂作为反硝化生物的挂膜介质（滤料），石英砂规格为 2～3mm。深床不仅利于硝态氮（NO_3^--N）的脱除和悬浮物的截留，而且 1.8m 深介质的滤床足以避免窜流或穿透现象，即使前段处理工艺发生污泥膨胀或异常情况也不会使滤床发生水力穿透。反硝化滤池需要定期反冲洗，将截留和生成的固体排出。反冲洗流程通常需要气洗、气水联合反洗、水洗或漂洗三个阶段。

反硝化深床滤池的滤料长期处于缺氧状态，滤料表面生长着在低有机物浓度下能够生长的反硝化细菌。因此，用于污水处理厂二级出水的处理时能够在碳源不足的情况实现反硝化脱氮。

绝大多数滤池表层很容易堵塞或板结，很快失去水头，而深床滤池独特的均质石英砂允许固体杂质透过滤床的表层，深入滤池的滤料中，达到整个滤池纵深截留固体物的优异效果。因此，反硝化深床滤池对 SS 具有很好的去除效果，可保证出水 SS 低于 5mg/L。

第二节　消毒

城市污水经二级处理或深度处理后，水质已经改善，细菌含量也大幅度减少，但细菌的绝对值仍较高，并有存在病原菌的可能。因此，在排放水体前或在农田灌溉时应进行消毒处理。城市污水再生回用时应进行消毒。目前用于污水消毒方法有液氯、次氯酸钠、二氧化氯、臭氧、紫外线消毒等。

一、液氯消毒

氯气溶解在水中后，水解为 HCl 和次氯酸 HClO，次氯酸再离解为 H^+ 和 ClO^-，HClO 比 ClO^- 的氧化能力要强得多。另外，由于 Cl_2 是中性分子，容易接近细菌而予以氧化，而 ClO^- 带负电荷，难以靠近同样带负电的细菌，虽然有一定氧化作用，但在浓度较低时很难起到消毒作用。液氯消毒效果可靠，投配设备简单，投量准确，投资成本低、液氯价格便宜、管理简便，但是可能产生 THMs 等致癌物质。

液氯消毒系统主要有加氯机、氯瓶及余氯吸收装置组成。

二、次氯酸钠消毒

次氯酸钠投入水中能够生成 HClO，因而具有消毒杀菌的能力。次氯酸钠可由次氯酸钠发生器电解海水或食盐水的电解液产生。次氯酸钠发生器产生的次氯酸钠可直接投入水中，进行接触消毒。

三、二氧化氯消毒

二氧化氯（ClO_2）是一种广谱型的消毒剂，对水中的病毒、细菌芽孢等病原微生物均有较高的杀死作用。

二氧化氯消毒处理工艺成熟，效果好。二氧化氯只起氧化作用，不起氯化作用，不会生成有机氯化物；杀菌能力强，消毒效力持续时间较长，效果可靠，具有脱色、助凝、除氰、除臭等多种功能，不受污水 pH 值及氨氮浓度影响，消毒杀菌能力高于氯；但必须现场制备，设备复杂，原料具有腐蚀性，制备复杂、需化学反应生成，操作管理要求高。

二氧化氯消毒系统包括 2 个药液储罐、二氧化氯发生器及投加设备。

四、臭氧消毒

臭氧（O_3）是一种具有刺激性气味、不稳定气体，由 3 个氧原子结合成的分子。由于其不稳定性，通常在使用地点生产 O_3。O_3 作为一种强氧化剂在水处理中可发挥多种作用。如果设计和管理得当，在去除浊度、色度、嗅、病毒及难降解有机物等方面都可以显出很高的效果。

O_3 的氧化性比次氯酸强，比氯更能有效地杀死病毒和胞囊。臭氧消毒不会形成 THMs 或任何含氯消毒副产物，与 ClO_2 一样，臭氧不会长时间地存在于水中，几分钟后就会重新变成氧气。

O_3 是一种优良的消毒剂，其杀菌效果好，且一般无有害副产物生成。但目前 O_3 发生装置的产率通常较低，设备昂贵，安装管理复杂，运行费用高，而且 O_3 在水中溶解度低，衰减速度快，为保证管网内持续的杀菌作用，必须和其他消毒方法协同进行。

五、紫外线消毒

细菌受紫外光照射后，紫外光谱能量为细菌核酸所吸收，使核酸结构破坏，从而达到消毒的目的。

紫外线消毒具有广谱消毒效果、速度快、接触时间短，反应快速、效率高，无需投加任何化学药剂，不影响水的物理性质和化学成分，不增加水的嗅和味，占地小，操作简单，便于管理，易于实现自动化，但是紫外线消毒无持续消毒作用，水中色度及悬浮物浓度影响污水透光率，从而直接影响消毒效果，而且电耗较大。紫外线消毒系统主要设备是高压水银灯。

紫外线消毒的基本原理为：紫外线对微生物的遗传物质（即DNA）有畸变作用，在吸收了一定剂量的紫外线后，DNA的结合键断裂，细胞失去活力，无法进行繁殖，细菌数量大幅度减少，达到灭菌的目的。因为当紫外线的波长为254nm时，DNA对紫外线的吸收达到最大，在这一波长具有最大能量输出的低压水银弧灯被广泛使用，在水量较大时，也使用中压或高压水银弧灯。

紫外线消毒的主要优点是灭菌效率高，作用时间短，危险性小，无二次污染等，并且消毒时间短，不需建造较大的接触池，占地面积和土建费用大大减少，也不影响尾水受纳水体的生物种群。缺点是设备投资高，抗悬浮固体干扰的能力差，对水中SS浓度有严格要求，石英套管需定期清洗，经紫外线消毒的出水没有持续的消毒作用。

第五章

城市污水处理厂污泥处理与处置

第一节　污泥的分类和性质指标

一、污泥处理的目的及处理方案

1. 污泥处理的目的

在污水处理过程中会产生大量污泥。城市二级生物污水处理厂的污泥产量占处水量的0.3%～0.5%（以含水率为97%计）。污泥中含有有害、有毒物质以及有用物质。污泥处理的目的如下。

（1）使污水处理厂能够正常运行，确保污水处理效果。

（2）使有害、有毒物质得到妥善处理或利用。

（3）使容易腐化发臭的有机物得到稳定处理。

（4）使有用物质能够得到综合利用。

总之，污泥处理的目的是使污泥减量、稳定、无害化及综合利用。

2. 污泥处理方案

污泥处理可供选择的方案如下。

① 生污泥→浓缩→消化→自然干化→最终处置。

② 生污泥→浓缩→消化→机械脱水→最终处置。

③ 生污泥→浓缩→机械脱水→堆肥→最终处置。

④ 生污泥→浓缩→机械脱水→干燥焚烧→最终处置。

污泥处理方案的选择应根据污泥的性质与数量、投资情况与运行管理费用、环境保护要求及有关法律与法规、城市农业发展情况及当地气候条件等情况，综合考虑后选定。

二、污泥的分类

1. 按成分分类

（1）污泥　以有机物为主要成分的称污泥。污泥的性质是易于腐化发臭，颗粒较细，相对密度较小（为1.02～1.06），含水率高且不易脱水，属于胶状结构的亲水性物质。

（2）沉渣　以无机物为主要成分的称沉渣。沉渣的主要性质是颗粒较粗，相对密度较大（为4左右），含水率较低且易于脱水，流动性差。

2. 按来源分类

（1）初次沉淀污泥　来自初次沉淀池。

（2）剩余活性污泥　来自活性污泥法后的二次沉淀池。

（3）腐殖污泥　来自生物膜法后的二次沉淀池。

以上3种污泥可统称为生污泥或新鲜污泥。

（4）消化污泥　生污泥经厌氧消化或好氧消化处理后，称为消化污泥或熟污泥。

（5）化学污泥　用化学沉淀法处理污水后产生的沉淀物称为化学污泥或化学沉渣：如用混凝沉淀法去除污水中的磷；投加硫化物去除污水中的重金属离子；投加石灰中和酸性水产生的沉渣以及酸、碱污水中和处理产生的沉渣均称为化学污泥或化学沉渣。

三、污泥的性质指标

1．污泥含水率

污泥中所含水分的质量与污泥总质量之比的百分数称为污泥含水率。初次沉淀池污泥含水率介于95％～97％，剩余活性污泥达99％以上。污泥的体积、质量及所含固体物浓度之间的关系如下：

$$\frac{V_1}{V_2}=\frac{W_1}{W_2}=\frac{100-P_1}{100-P_2}=\frac{C_2}{C_1} \tag{5-1}$$

式中　P_1，V_1，W_1，C_1——污泥含水率为P_1时污泥体积、质量与固体浓度；

P_2，V_2，W_2，C_2——污泥含水率为P_2时污泥体积、质量与固体浓度。

2．挥发性固体和灰分

挥发性固体（或称灼烧减重）近似地等于有机物含量，用VSS表示，常用单位mg/L，有时也用质量百分数表示。VSS也反映污泥的稳定化程度，灰分（或称灼烧残渣）表示无机物含量。

3．湿污泥相对密度与干污泥相对密度

湿污泥质量等于污泥所含水分与干固体质量之和。湿污泥相对密度等于湿污泥质量与同体积的水质量之比值。

干污泥的相对密度γ_s可按下式计算：

$$\gamma_s=\frac{250}{100+1.5P_V} \tag{5-2}$$

式中　P_V——有机物所占的百分比，％。

湿污泥的相对密度γ可按下式计算：

$$\gamma=\frac{25000}{250P+(100-P)(100+1.5P_V)} \quad (5\text{-}3)$$

式中　P——含水率，%。

4. 污泥肥分

污泥的肥分是指其中含有的植物营养素、有机物及腐殖质等。营养素主要指氮、磷、钾等植物营养成分。污泥中主要成分的比例为：N(2%～3%)、P(1%～3%)、K(0.1%～0.5%)、有机物（50%～60%）。

5. 污泥中重金属离子含量

污水经二级处理后，污水中重金属离子约50%以上转移到污泥中。将污泥用作农肥时，需注意控制其中的金属离子含量。

第二节　污泥浓缩

污泥浓缩的目的是去除污泥中的水分，减少污泥的体积，进而降低运输费用和后续处理费用。剩余污泥含水率一般为99.2%～99.8%，浓缩后含水率可降为95%～97%，体积可以减少为原来的1/4。

污泥浓缩常用的方法有重力浓缩法、气浮浓缩法和离心浓缩。

一、重力浓缩法

重力浓缩本质上是一种沉淀工艺，属于压缩沉淀。重力浓缩池按其运转方式可以分为连续式和间歇式两种。连续式主要用于大中型污水处理厂，间歇式主要用于小型污水处理厂或工业企业的污水处理厂。重力浓缩池一般采用水密性钢筋混凝土建造，设有进泥管、排泥管和排上清液管，平面形式有圆形和矩形两种，一般多采用圆形。

间歇式重力浓缩池的进泥与出水都是间歇的，因此在浓缩池不同高度上应设多个上清液排出管。间歇式操作管理麻烦，且单位处理污泥所需的池容积比连续式的大。间歇式重力浓缩池如图5-1所示。

连续式重力浓缩池的进泥与出水都是连续的，排泥可以是连续的，也可以是间歇的。当池子较大时采用辐流式浓缩池；当池子较小时采用竖流式浓缩池。竖流式浓缩池采用重力排泥，辐流式浓缩池多采用刮泥机机械排泥，有时也可以采用重力排泥，但池底应设计成多斗。图5-2为有刮泥机与搅拌装置的连续式重力浓缩池。对于土地紧缺的地区，可以考虑采用多层辐射式浓缩池，见图5-3。

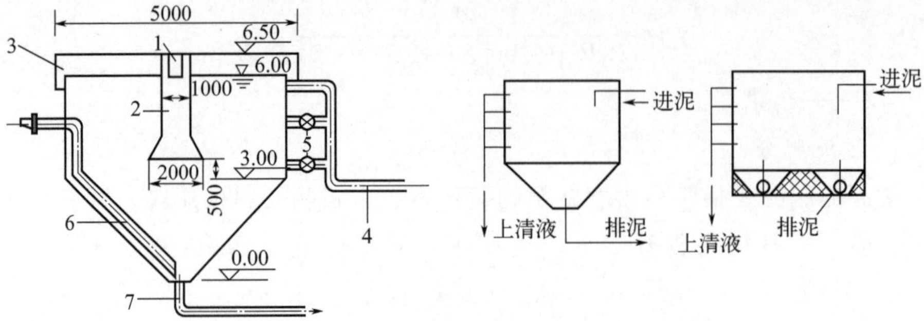

图 5-1　间歇式重力浓缩池

1—污泥入流槽；2—中心管；3—出水堰；4—上清液排出管；

5—闸门；6—吸泥管；7—排泥管

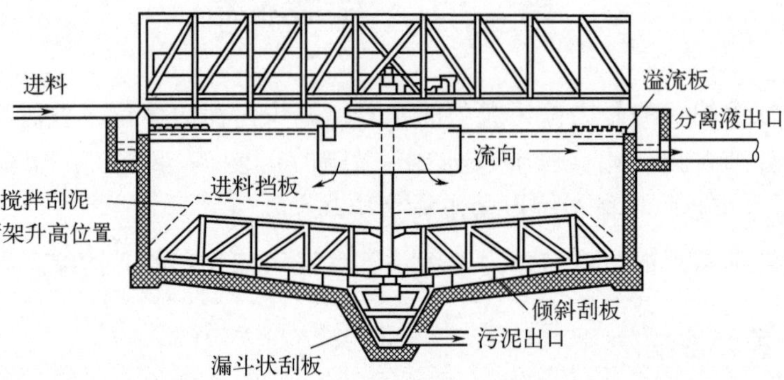

图 5-2　连续式重力浓缩池

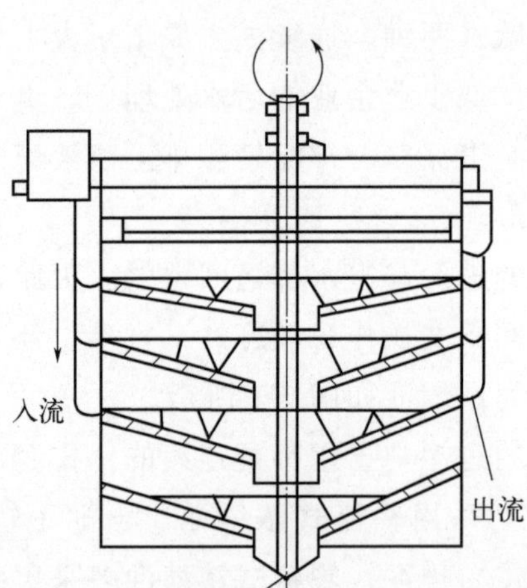

图 5-3　多层辐射式浓缩池

二、气浮浓缩法

气浮浓缩法多用于浓缩污泥颗粒较轻（相对密度接近于1）的污泥，如剩余活性污泥、生物滤池污泥等，近几年在混合污泥（初沉污泥＋剩余污泥）浓缩方面也得到了推广应用。

气浮浓缩有部分回流气浮浓缩系统和无回流气浮浓缩系统两种，其中部分回流气浮浓缩系统应用较多。图5-4为部分回流气浮浓缩系统。

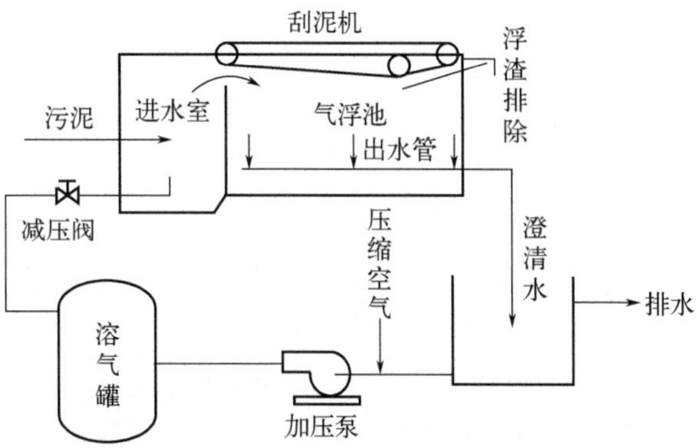

图5-4　部分回流气浮浓缩系统

气浮浓缩池有圆形和矩形两种，小型气浮装置（处理能力小于100m^3/h）多采用矩形气浮浓缩池，大中型气浮装置（处理能力大于100m^3/h）多采用辐流式气浮浓缩池。气浮浓缩池一般采用水密性钢筋混凝土建造，小水量也有的采用钢板焊制或者其他非金属材料制作。图5-5为气浮浓缩池的两种形式。

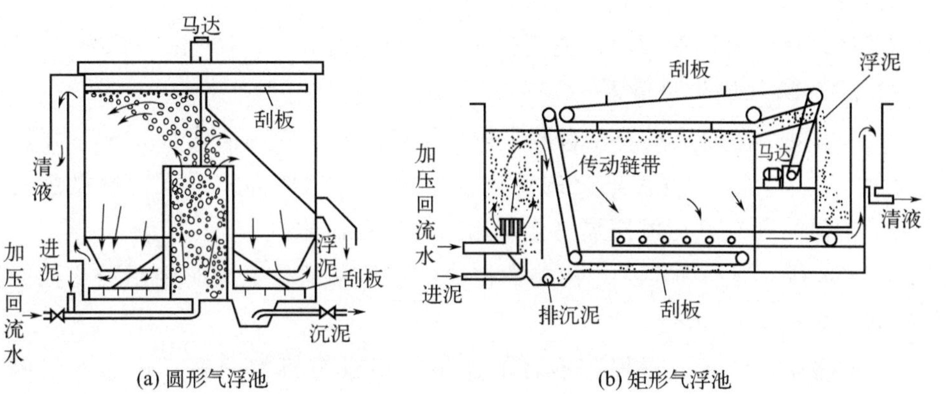

图5-5　气浮浓缩池

第三节 污泥厌氧消化

污泥厌氧消化是指在无氧的条件下，由兼性菌和专性厌氧细菌降解污泥中的有机物，最终产物是二氧化碳和甲烷气（或称污泥气、生物气、消化气），使污泥得到稳定。

一、厌氧消化机理

1. 厌氧消化机理

厌氧消化可以分为3个阶段。

（1）水解酸化阶段　在水解与发酵细菌作用下，使碳水化合物、蛋白质与脂肪水解与发酵转化成单糖、氨基酸、脂肪酸、甘油及二氧化碳、氢等。

参与反应的微生物包括细菌、真菌和原生动物，统称为水解与发酵细菌。这些细菌大多数为专性厌氧菌，也有不少兼性厌氧菌。

（2）产氢产乙酸阶段　在产氢产乙酸菌的作用下，把第一阶段的产物转化成氢、二氧化碳和乙酸。

参与反应的微生物是产氢产乙酸菌以及同型乙酸菌，其中有专性厌氧菌和兼性厌氧菌。它们能够在厌氧条件下，将丙酸及其他脂肪酸转化为乙酸、CO_2，并放出 H_2。

（3）产甲烷阶段　通过两组生理上不同的产甲烷菌的作用产生甲烷，一组把氢和二氧化碳转化成甲烷，另一组对乙酸脱胺产生甲烷。

参与反应菌种是甲烷菌或称为产甲烷菌。常见的甲烷菌有甲烷杆菌、甲烷球菌、甲烷八叠球菌和甲烷螺旋菌。

甲烷菌是绝对厌氧细菌，主要代谢产物是甲烷。

2. 影响厌氧消化的因素

（1）温度　污泥厌氧消化有两个最优温度区段：中温消化（33～35℃）、高温消化（50～55℃）。高温消化的反应速率快，产气率高，杀灭病原微生物的效果好，但能耗高。污泥厌氧消化常用的是中温消化。

（2）负荷　有机负荷大小影响消化池的容积和消化时间。中温消化池的消化时间宜采用20～30d。

（3）搅拌和混合　搅拌和混合的作用是促进有机物分解，增加产气率。搅拌的方法有泵加水射器搅拌法、消化气循环搅拌法、机械搅拌和混合搅拌法。

(4) 酸碱度、pH 值和消化液的缓冲能力　甲烷菌对 pH 值非常敏感，pH 微小的变化都会使其受抑制，甚至生长。pH 值应控制在 7.0～7.3 之间。

为了保证厌氧消化的稳定运行，提高系统的缓冲能力和 pH 值的稳定性，要求消化液的碱度保持在 2000mg/L 以上（以 $CaCO_3$ 计）。

(5) 有毒物质　低于毒阈浓度下限，对甲烷细菌生长有促进作用；在毒阈浓度范围内，有中等抑制作用，如果浓度是逐渐增加，甲烷细菌可被驯化，超过毒阈浓度上限，对甲烷细菌有强烈的抑制作用。

二、污泥厌氧消化工艺

1. 一级消化工艺

污泥消化为单级消化过程，污泥在单级（单个）消化池内进行搅拌和加热，完成消化过程。

2. 二级消化工艺

二级消化池串联运行，生污泥首先进入一级消化池，然后再进入二级消化池。一级消化池中设置搅拌和加热以及集气设备，但不排除上清液；二级消化池不设搅拌和加热，而是利用一级消化池排出污泥的余热继续消化，二级消化池应设置集气和排出上清液的管道。污泥中的有机物分解主要在一级消化池中完成。

二级消化工艺的优点：二级消化工艺比一级消化工艺的总耗热量少，并减少了搅拌能耗、熟污泥的含水率、上清液固体含量。

一级消化池与二级消化池的体积比一般为 2:1，也有 1:1、3:2。

3. 两相厌氧消化工艺

把厌氧消化的第一阶段、第二阶段与第三阶段分别在两个消化池中进行，使各自都有最佳菌种群生长繁殖的环境条件。由于菌种群生长繁殖的环境速度快（消化速度快），因此消化池容积、加热与搅拌能耗少。另外，运行管理方便、消化更彻底。

三、厌氧消化池

厌氧消化池有固定盖式和活动盖式两种，常用的是固定盖式。按几何形状分为圆柱形和蛋形两种，见图 5-6。

圆柱形消化池径一般为 6～35m，池总高与池径之比为 0.8～1.0，池底、池盖倾角般取 15°～20°，池顶集气罩直径取 2～5m，高 1～3m。

蛋形消化池长轴直径与短轴直径比为 1.4～2.0。优点如下。

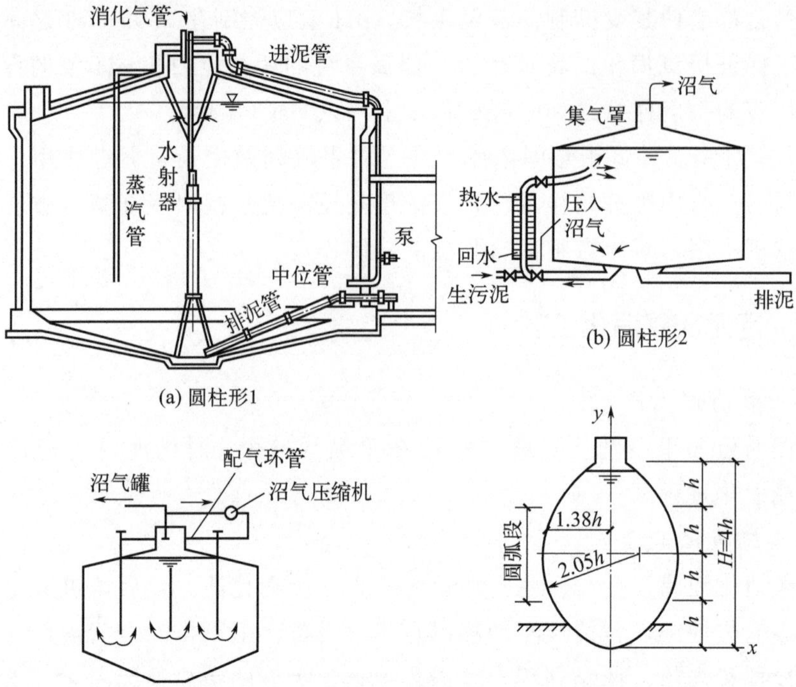

(a) 圆柱形1　(b) 圆柱形2　(c) 圆柱形3　(d) 蛋形

图 5-6　厌氧消化池基本形式

① 搅拌均匀，无死角。

② 池内污泥表面不易生成浮渣。

③ 在池容相等的条件下，池子总表面积比圆柱形小，散热面积小，易于保温。

④ 蛋形的结构与受力条件最好，节省建筑材料。

⑤ 防渗水性能好，聚沼气效果好。

四、污泥厌氧消化系统

污泥厌氧消化系统的主要组成包括污泥的投配、排泥与溢流系统，沼气排出、收集与贮存设备，搅拌设备及加热设备等。

1. 投配、排泥与溢流系统

（1）投配与排泥　生污泥一般先排入污泥投配池，再由污泥泵提升送入消化池内。消化池的进泥与排泥形式有多种，包括上部进泥下部直排、上部进泥下部溢流排泥、下部进泥上部溢流排泥等形式，分别如图 5-7 所示。

污泥投配泵可选用离心式污水泵或螺杆泵。进泥和排泥可以连续，也可以

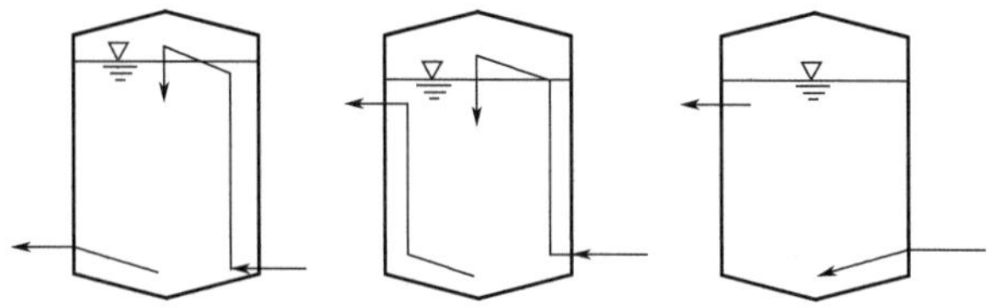

(a) 上进下直排　(b) 上进下溢流排　(c) 下进上溢流排

图 5-7　消化池的进泥与排泥形式

间歇进行，进泥和排泥管的直径不应小于 200mm。

（2）溢流　消化池必须设置溢流装置，及时溢流，以保持沼气室压力恒定。溢流装置必须绝对避免集气罩与大气相通。溢流管出口不得放在室内，并必须有水封。

2. 沼气排出、收集与贮存

消化池产生的沼气通过安装在集气罩上的沼气管道束输送到贮气柜。贮气柜的形式有低压浮盖式与高压球形罐两种。低压浮盖式贮气柜的柜内气压一般为 1177～1961Pa，浮盖直径与高度比一般为 1.5∶1。高压球形罐适用于长距离输送沼气。

3. 搅拌系统

搅拌的目的是使池内污泥温度与浓度均匀，防止污泥分层或形成浮渣层，缓冲池内碱度，从而提高污泥分解速度。当消化池内各处污泥浓度相差不超过 10％时，被认为混合均匀。

常用的搅拌方式有机械搅拌、水力循环搅拌、水泵循环消化液搅拌和沼气搅拌。

（1）机械搅拌　在消化池内装设搅拌浆或搅拌涡轮，通过池外电机驱动而转动从而对消化混合液进行搅拌。机械搅拌搅拌强度一般为 10～20W/m^3 池容。每个搅拌器的最佳搅拌半径为 3～6m，如果消化池直径较大，可以设置多个搅拌器，呈等边三角形等均匀方式布置，适用于大型消化池。机械搅拌的优点是对消化污泥的泥水分离影响较小，缺点是传动部分容易磨损，通过消化池顶的轴承密封的气密性问题不好解决。

（2）水力循环搅拌　在消化池内设导流筒，在筒内安装螺旋推进器使污泥在池内实现循环。

（3）水泵循环消化液搅拌　通常是在池内安装射流器，由池外水泵压送的循环消化液经射流器喷射，从喉管真空处吸进一部分池中的消化液或熟污泥，污泥和消化液一起进入消化池的中部形成较强烈的搅拌，所需能耗约为

$0.005kW/m^3$。用污泥泵抽取消化污泥进行搅拌可以结合污泥的加热一起进行。水泵循环搅拌设备简单，维修方便。采用水泵循环消化液搅拌时，由于经过水泵叶轮的剧烈搅动和水射器喷嘴的高速射流，会将污泥打得粉碎，对消化污泥的泥水分离非常不利，有时会引起上清液 SS 过大。因此，这种搅拌方式比较适用于小型消化池。

(4) 沼气搅拌　将消化池气相的部分沼气抽出，经压缩后再通回池内对污泥进行搅拌。沼气搅拌的优点是搅拌比较充分，可促进厌氧分解，缩短消化时间。一般宜优先采用。

消化池搅拌可采用连续搅拌或间歇搅拌方式。间歇搅拌设备的能力应至少在 5～10h 内将全池污泥搅拌一次。

4. 加热设备

要使消化液保持在所要求的温度，就必须对消化池进行加热。消化池的加热方法分为池外加热和池内加热两种。

(1) 池外加热　通过安装在池外的热交换器加热污泥，有生污泥预热和循环加热两种方法。

(2) 池内加热　将低压热蒸汽直接投加到消化池，或在池内设置盘管加热。

蒸气直接加热效率较高，但过高的温度会杀死喷口处的厌氧微生物，且能使污泥的含水率升高，增大污泥量。在池内设置盘管加热热效率较低，循环管外层易结泥壳，使热传递效率进一步降低。

第四节　污泥的脱水与干化

浓缩消化后的污泥仍具有较高的含水率（一般在 94%以上），体积仍较大。因此，应进一步采取措施脱除污泥中的水分，降低污泥的含水率。污泥脱水后不仅体积减小，而且呈泥饼状，便于运输和后续处理。污泥脱水去除的主要是污泥中的吸附水和毛细水，一般可使污泥含水率从 96%左右降低至 60%～85%，污泥体积减少至原来的 1/5～1/10，大大降低厂后续污泥处置的难度。污泥脱水的方法主要有自然干化和机械脱水。

一、机械脱水前的预处理

1. 污泥预处理的目的

预处理的目的是改善污泥脱水性能，提高机械脱水效果与机械脱水设备的生产能力。

2. 表示污泥脱水性能的指标

污泥比阻是衡量污泥脱水难易程度的指标。比阻大，脱水性能差。一般认为进行机械脱水的污泥比阻值在（0.1～0.4）$\times 10^9 s^2/g$之间为宜，但一般各种污泥的比阻值均大大地超过该范围，因此，污泥在进行机械脱水前应进行预处理。

3. 预处理方法

污泥预处理的方法有化学调理法、加热调理法、冷冻调理法和淘洗法。

（1）化学调理法　向污泥中投加混凝剂、助凝剂等化学药剂，以改变污泥脱水性能。化学调理法功效可靠、设备简单、操作方便，被广泛采用。

（2）加热调理法　通过加热污泥使有机物分解，破坏胶体颗粒的稳定性，改善污泥的脱水性能。加热调理法分高温加热（170～200℃）和低温加热（＜150℃）两种。

（3）冷冻调理法　通过冷冻-融解使污泥的结构被彻底破坏，大大改善脱水性能。

（4）淘洗法　以污水厂的出水或自来水、河水把消化污泥中的碱度洗掉，节省混凝剂的用量。淘洗法只适用于消化污泥的预处理。

二、机械脱水方法与脱水设备

机械脱水方法有压滤脱水法、离心脱水法和真空脱水法等。基本原理都是以过滤介质两侧的压力差作为推动力，使污泥中的水分被强制通过过滤介质，形成滤液排出，而固体颗粒被截留在过滤介质上成为脱水后的滤饼（有时称泥饼），从而实现污泥脱水的目的。

（一）压滤脱水

利用空压机、液压泵或其他机械形成大于大气压的压差进行过滤脱水。污泥压滤机有板框压滤机和带式压滤机两种，其中板框压滤机一般是间歇运行，而带式压滤机为连续运行。

1. 带式压滤机

带式压滤机是由上下两条张紧的滤带夹带着淤泥层，从一连串规律排列的辊压筒中呈S形弯曲经过，靠滤带本身的张力形成对污泥层的压榨和剪切力，把污泥层的毛细水挤压出来，获得含固率较大的泥饼，从而实现污泥脱水，如图5-8所示。

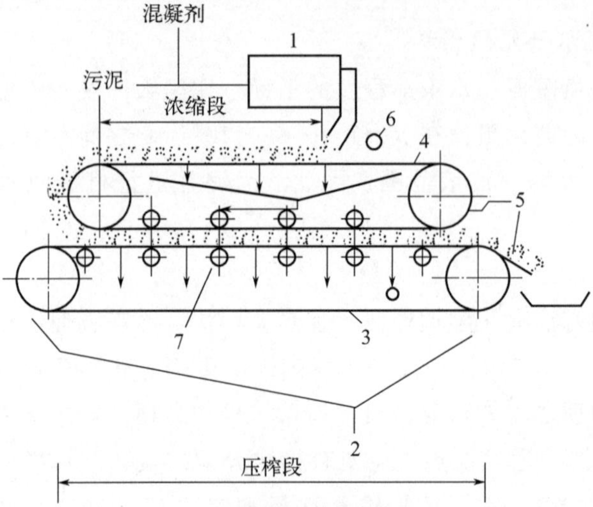

(a) 压榨辊轴P形布置

1—混合槽；2—滤液与冲洗水排出；3—涤纶滤布；
4—金属丝网；5—刮刀；6—洗涤水管；7—滚压轴

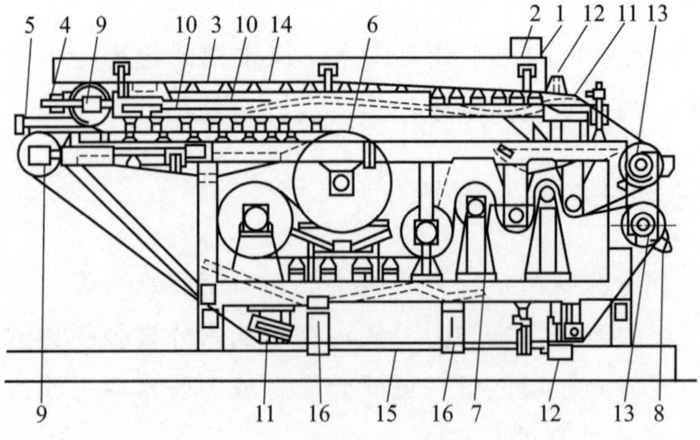

(b) 压榨辊轴S形布置

1—污泥进料管；2—污泥投料装置；3—重力脱水区；4—污泥翻转；5—楔形区；6—低压区；
7—高压区；8—卸泥饼装置；9—滤带张紧辊轴；10—四滤带张紧装置；11—滤带导向装置；
12—滤带清冲装置；13—机器驱动装置；14—顶带；15—底带；16—滤液排出装置

图 5-8　带式压滤机

带式压滤机有很多种形式，但一般分成 4 个工作区。

(1) 重力脱水区　在该区，滤带水平行走。污泥经调质后，部分毛细水转化成游离水，这部分水在该区借自身重力穿过滤带，从污泥中分离出来。

(2) 楔形脱水区　该区是一个三角形的空间，上下两层滤带在该区逐渐向两头靠拢，污泥在两条滤带之间逐渐开始受到挤压。在该区，污泥的含固率进一步提高，并由半固态向固态转变，为进一步进入压力脱水区做准备。

（3）低压脱水区　污泥经楔形区后，被夹在两条滤带之间污泥绕辊压筒做S形上下移动。施加到泥层的压榨力取决于滤带的张力和辊压筒的直径，张力一定时，辊压筒的直径越大，压榨力越小。脱水机前边3个辊压筒直径较大，一般在50cm以上，施加到泥层的压力较小，因此称低压区。污泥经低压区后，含固率进一步提高。

（4）高压区　经低压区之后的污泥，进入高压区，泥层受到的压榨力逐渐增大。其原因是辊压筒的直径越来越小。至高压区的最后一个辊压筒，直径一般<25cm，压榨力增至最大。污泥经高压区后含固率一般>20%。

带式压滤脱水机具有出泥含水率较低且稳定、能耗少，管理控制简单等特点。板框压滤脱水机泥饼含水率比带式压滤脱水机低，能够达到60%以下，但这种脱水机为间断运行，效率低，操作麻烦，维护量很大。

2. 板框压滤机

板框压滤机由滤板、滤框、压紧装置、机架、冲洗、安全保护等装置组成，如图5-9所示。

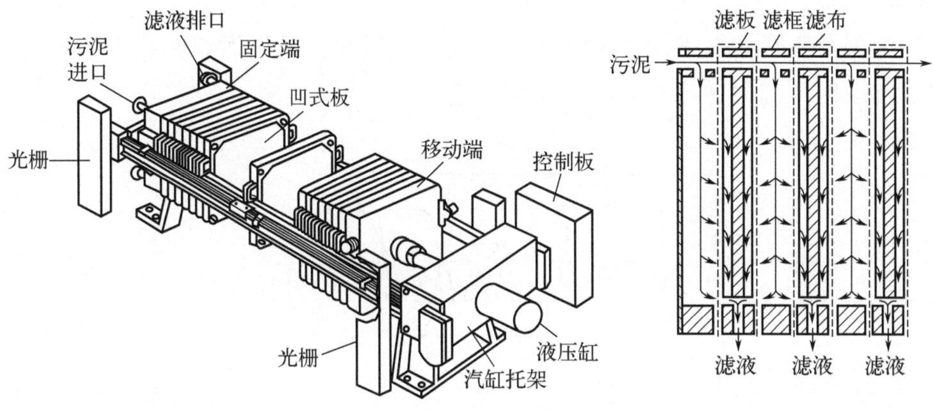

(a)　(b)

图5-9　板框压滤机

板框压滤机是通过板、框、板挤压产生的压力，使污泥内的水排出，达到脱水目的。目前使用的滤板两面都是凹面，每面四周边缘凸起。滤板上覆盖有滤布，两块滤板压紧后构成一个压滤室，滤板凸出的边沿是压滤室的密封边沿。经机械或液压装置，将止推板（固定滤板）和压紧板（活动滤板）之间的滤板（根据板框压滤机的大小，滤板少则几块，多则上百块）压在一起，滤板之间形成压滤室。需脱水的污泥通过污泥泵经中心进泥孔进入板框压滤机，并分配到板与板之间的压滤室内。

在压滤室内，滤液穿过滤布，经滤板排液孔排出，污泥中的固体物在压滤室中富集。随着污泥的不断进入，固体物浓度逐渐提高，最终达到满足脱水要求的泥饼。随着压滤室内固体物浓度的不断提高和过滤压力的不断增加，进泥量需要随之不断减少。当不再有明显的滤液排出时停止加压。通过手工和机械装置，逐块移动滤板，使泥饼落入收集斗内或者输送带上。

（二）离心脱水

离心脱水是通过水分与污泥颗粒的离心力之差，使之相互分离，从而实现脱水。离心机按分离因数的大小可分为高速离心机、中速离心机和低速离心机；按几何形状不同可分为筒式离心机、盘式离心机和板式离心机等。常用的离心脱水机是卧螺式离心脱水机。

卧螺离心机主要由高转速的转鼓、螺旋输送器和差速器等部件组成，分离的悬浮液进入离心机转鼓后，由于离心力的作用，使密度大的固相颗粒沉降到转鼓内壁地，利用螺旋和转鼓的相对转速差把固相颗粒推向转鼓小端出口处排出，分离后的清液从离心机另一端排出。当进泥方向与污泥固体的输送方向一致，即进泥口和出泥口分别在转鼓的两端时，称为顺流式离心脱水机（图 5-10）。当进泥方向与污泥固体的输送方向相反，即进泥口和出泥口在转鼓的同一端时，称为逆流式离心脱水机（图 5-11）。

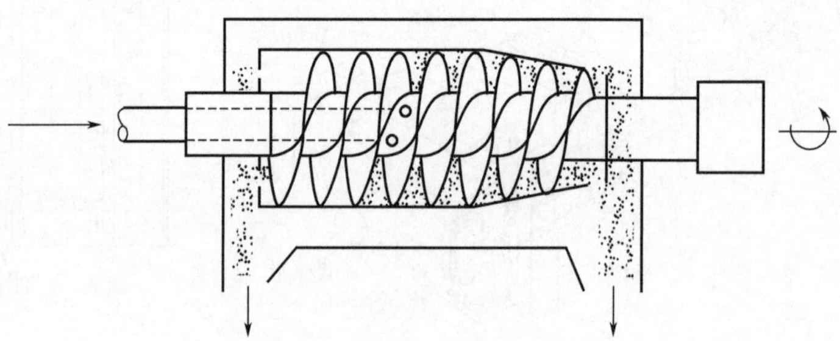

图 5-10　顺流式离心脱水机

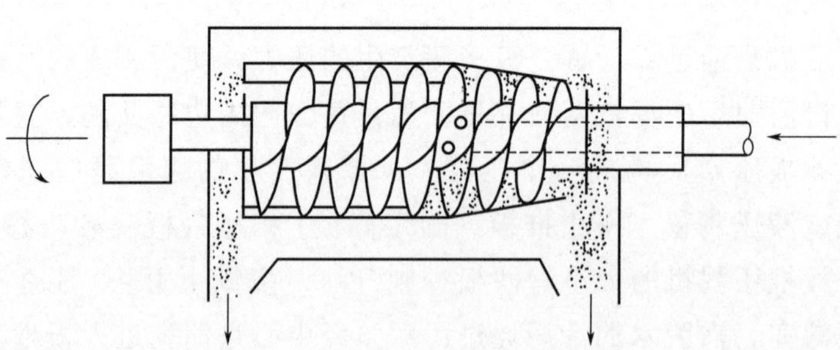

图 5-11　逆流式离心脱水机

差速器（齿轮箱）的作用是使转鼓和螺旋之间形成一定的转速差。卧螺离心机主要特点是结构紧凑，占地面积小，操作费用低，而且能自动、连续、长期封闭运转，维修方便。

（三）真空过滤脱水

真空过滤脱水是将污泥置于多孔性过滤介质上，在介质另一侧造成真空，将污泥中的水分强行吸入，使之与污泥分离，从而实现脱水。常用的设备是真空转鼓过滤脱水机。转鼓真空过滤机由空心转鼓、污泥槽、真空系统、空气压缩机等组成（图 5-12）。

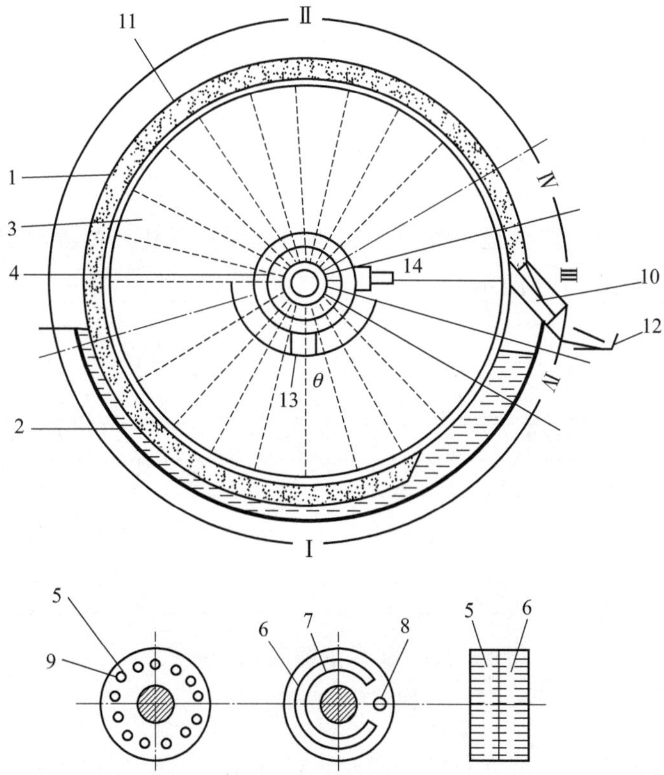

图 5-12　转鼓真空过滤机

Ⅰ—滤饼形成区；Ⅱ—吸干区；Ⅲ—反吹区；Ⅳ—休止区

1—空心转鼓；2—污泥槽；3—扇形间隔；4—分配头；5—转动部件；6—固定部件；7—与真空泵相通的缝；8—与空压机相通的孔；9—与各扇形格相通的孔；10—刮刀；11—泥饼；12—皮带输送器；13—真空管路；14—压缩空气管路

转鼓真空过滤机运行操作过程如下。

覆盖有过滤介质的空心转鼓浸在污泥槽内。转鼓用径向隔板分隔成许多扇形间隔，每隔有单独的连通管，管端与分配头相接。分配头由两片紧靠在一起的转动部件与固定部件组成。固定部件、与真空泵相通的缝和真空管路相通，孔与压缩空气管路相通。转动部件有一列小孔，每孔通过连接管与各扇形间隔相连。转鼓旋转时，由于真空的作用，将污泥吸附在过滤介质上，液体通过介质沿真空管路流到气水分离罐。吸附在转鼓上的滤饼转出污泥槽后，若扇形间隔的连通管在固定部件的缝范围内，则处于滤饼形成区Ⅰ及吸干区Ⅱ内继续脱水，当管孔与固定部件的孔相通时，便进入反吹区Ⅲ与压缩空气相通，滤饼被反吹松动剥落介质然后由刮刀刮除。经皮带输送器外输。再转过休止区Ⅳ进入滤饼形成区Ⅰ，周而复始。

由于真空过滤脱水产生的噪声大，泥饼含水率较高、操作麻烦，占地面积大，所以很少采用。

（四）叠螺浓缩脱水

叠螺浓缩脱水一体机是由固定环和游动环相互层叠，螺旋轴贯穿其中形成的过滤装置，如图 5-13 所示。

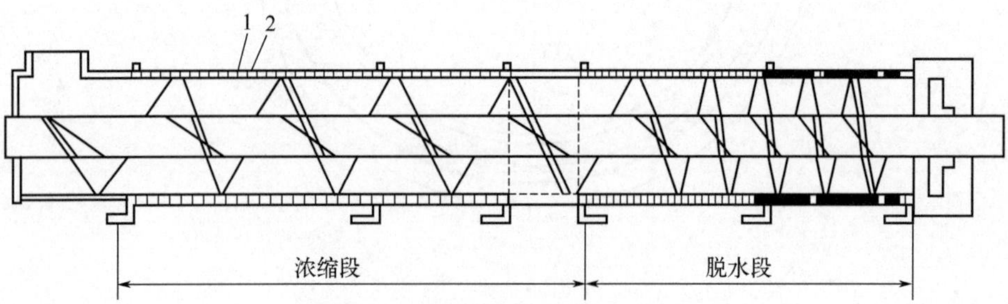

图 5-13　叠螺浓缩脱水一体机

1—固定环；2—游动环

叠螺浓缩脱水一体机具有浓缩和脱水的功能，前段为浓缩段，后段为脱水段。螺旋轴的螺距从浓缩段到脱水段逐渐变小，形成泥饼的含水率也越来越低。叠螺浓缩脱水一体机能直接处理曝气池内污泥或二沉池污泥，不需设置污泥浓缩池和贮存池，节省占地；污泥在好氧条件下脱水，避免在缺氧或厌氧条件下的污泥磷释放，提升系统的脱磷功能；另外，无滤布、滤孔等易堵塞元件，运行安全简单。

三、污泥的干化

污泥的自然干化是一种简便经济的脱水方法，但容易形成二次污染，适合于有条件的中小规模污水处理厂。污泥自然干化的主要构筑物是干化场。干化场可分为自然滤层干化场与人工滤层干化场两种。自然滤层干化场适用于自然土质渗透性能好，地下水位低的地区。人工滤层干化场的滤层是人工铺设的，又可分为敞开式干化场和有盖式干化场两种。图 5-14 为人工滤层干化场。

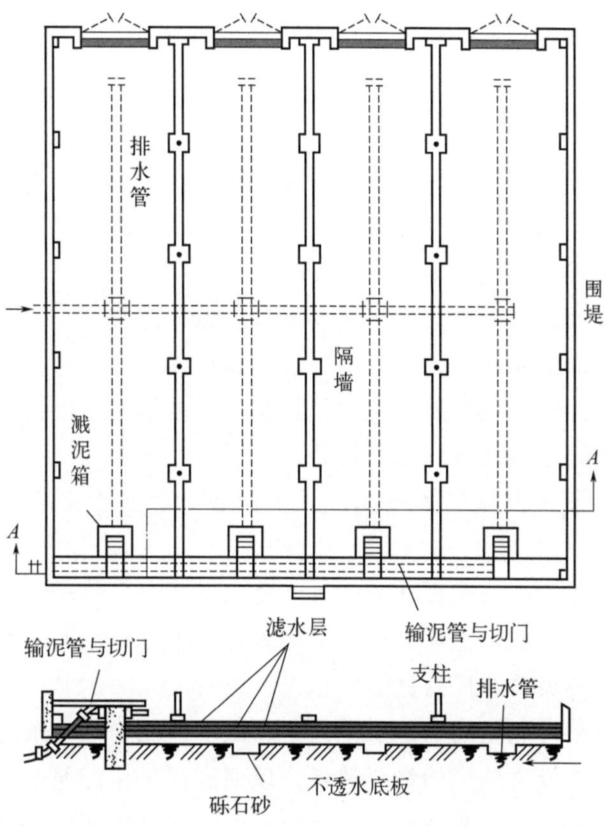

图 5-14　人工滤层干化场

干化场脱水主要依靠渗透、蒸发与撇除。影响干化场脱水的因素如下。

（1）气候条件　当地的降雨量、蒸发量、相对湿度、风速和年冰冻期。

（2）污泥性质　消化污泥中产生的沼气泡、污泥比阻等。

四、污泥的干燥与焚烧

1. 污泥干燥

污泥干燥去除污泥中绝大多数毛细管水、吸附水和颗粒内部水。污泥干燥后含水率可从60%～80%降至10%～30%。污泥在焚烧前应有效地脱水干燥。干燥器的类型有回转圆筒式干燥器、急骤干燥器和带式干燥器。

2. 污泥焚烧

污泥焚烧处理能将干燥污泥中的吸附水和颗粒内部水及有机物全部去除，使含水率降至零，变成灰尘。

污泥焚烧方式有完全焚烧和湿式燃烧（即不完全焚烧）两种。

五、污泥的最终处置与利用

污泥的最终处置和利用是污泥处理与处置的一个难题。目前国内污水处理厂大都采用卫生填埋方式处置污泥，国外许多国家对污泥处置采用较多的方法是焚烧、卫生填埋、堆肥、干化造粒和投海等。

污泥的最终处置与利用可以采用以下几个处理方案。

1. 方案1：湿污泥→干化→干化污泥填埋场填埋

此方案是将污水处理厂所产生的机械脱水后的污泥集中在一起进行热干化处理，干化后污泥送至垃圾填埋场处置。

该工艺特点是污泥量显著减少，灭菌彻底，污泥稳定，以便降低成本和投资。

2. 方案2：湿污泥→干化→干化污泥焚烧→焚烧灰填埋

此方案是将机械脱水污泥进行热干化处理，干化后污泥送垃圾焚烧厂进行焚烧，焚烧灰由垃圾焚烧厂处置。

该工艺特点是污泥量显著减少，灭菌彻底，污泥稳定。干化污泥含有一定的热值，可节省垃圾焚烧厂的燃料消耗，以便利用干化污泥中的热能。

3. 方案3：湿污泥→高温消化→干化→干化污泥填埋场填埋

此方案是将脱水污泥进行高温厌氧消化，消化后的污泥再进行热干化处理，干化后的污泥送往垃圾填埋场处置。热干化所需热能由高温厌氧消化过程中产生的沼气提供，不足部分由天然气提供。

该工艺特点是污泥量显著减少，有机物降解率高，灭菌彻底，污泥稳定。污泥消化产生的沼气作为干化的补充热源，节省天然气消耗。但其工艺流程长、设备较多，管理复杂、工程投资高、占地大，且由于有沼气产生，有一定的安全隐患。

4．方案4：湿污泥→干化→土地利用

此方案是将脱水污泥进行热干化处理，干化后污泥用于农用，污泥农用实现了有机物的土壤→农作物→城市→污水→污泥→土壤的良性大循环。

该工艺需要严格控制污泥中重金属含量，对重金属含量超标的污水宜单独处理达标后排放，对重金属含量超标的污泥宜脱水后采取填埋等其他处理方式，能够实现良性循环，符合污泥处置的发展趋势。

第六章

城市污水处理厂试运行与水质检测

第一节　城市污水处理厂试运行

污水厂的调试也称为试运行，包括单机试运行与联动试车两个环节，是正式运行前必须进行的一项工作。通过试运行可以及时修改和处理工程设计和施工的缺陷，确保污水厂达到设计功能。在调试处理工艺系统过程中，需要机电、自控仪表、化验分析等相关专业的配合，因此系统调试实际是设备、自控、处理工艺联动试车过程。

一、城市污水处理厂试运行内容及目的

1. 试运行的内容

试运行的内容主要包括以下几个方面。

① 单机试运。包括各种设备安装后的单机运转和处理单元构筑物的试水。在未进水和已进水两种情况下对污水处理设备进行试运行，同时检查水工构筑物的水位和高程是否满足设计和使用要求。

② 联动试车。对整个工艺系统进行设计水量的清水联动试车，打通工艺流程。考核设备在清水流动的条件下，检验部分设备、自控仪表、连接各工艺单元的管道和阀门等是否满足设计和使用要求。

③ 对各处理单元分别进入污水，检查各处理单元运行效果，为正式运行做好准备工作。

④ 整个工艺流程全部打通后，开始进行活性污泥的培养与驯化，直至出水水质达标。在此阶段进一步检验设备运转的稳定性，同时实现自控系统的连续稳定运行。

2. 试运行目的

污水处理厂的试运行包括复杂的生物化学反应过程的启动和调试。过程缓慢，而且受环境条件和水质水量的影响很大。污水处理厂的试运行目的如下。

① 进一步检验土建、设备和安装工程质量，建立相关的档案资料，对机械、设备、仪表的设计合理性及运行操作注意事项提出建议。

② 通过污水处理设备的带负荷运行，测试其能力是否达到铭牌或设计值。

③ 检验各处理单元构筑物是否达到设计值，尤其二级处理构筑物采用生化法处理污水时，一定要根据进水水质选择合适的方法培养和驯化活性污泥。

④ 在单项处理设施带负荷试运行的基础上，连续进水打通整个工艺流程，在

参照同类污水厂运行经验的基础上，调整各工艺单元工艺参数，使污水处理尽早达标，并摸索整个系统及各处理单元构筑物转入正常运行后的最佳工艺参数。

二、城市污水处理设施的试运行

污水处理厂污水、污泥处理专用机械设备在安装工程验收后，应查阅安装质量记录，确认各技术指标符合安装质量要求，应进行试运行。

（一）试运行前的准备工作

试运行前要成立试运行小组，拟定试运行程序及注意事项，组织运行操作人员和值班人员学习操作规程、安全知识，然后由试运行人员进行全面认真的检查。

试运行现场必须进行彻底清扫，使运行现场有条不紊，并适当悬挂一些标牌、图表，为设备试运行提供良好的环境条件。

1. 设备过流部分的检查

应着重过流部分的密封性检查，其次是设备表面的光滑性。具体工作如下。

① 清除现场的钢筋头，必要时可做表面铲刮处理，以求平滑。

② 封闭人孔和密封门。

③ 充水，检查人孔、阀门、混凝土结合面和相关部位有无渗漏。

④ 在静水压力下，检查调整检修闸门的启闭，对快速闸门、工作闸门、阀门的手动和自动做启闭试验，检查其密封性和可靠性。

2. 机械部分的检查

① 检查转动部分间隙，并做好记录，转动部分间隙力求相等，否则易造成机组径向振动。

② 渗漏检查。

③ 技术充水试验，检查渗漏是否符合规定，以及油轴承或橡胶轴承通水冷却或润滑情况。

④ 检查油轴承转动油盘油位及轴承的密封性。

3. 电动机部分的检查

① 检查电动机空气间隙，用白布条或薄竹片打扫，防止杂物掉入气隙内，造成卡阻或电动机短路。

② 检查电动机线槽有无杂物，特别是金属导电物，防止电动机短路。

③ 检查转动部分螺母是否紧固，以防运行时受振松动，造成事故。

④ 检查制动系统手动、自动的灵活性及可靠性，复归是否符合要求。定

期转子 3～5mm（视不同电机而定），机组转动部分与固定部分不接触。

⑤ 检查转子上、下风扇角度，以保证电动机提供最大冷却风量。

⑥ 检查推力轴承及导轴承润滑油位是否符合规定。

⑦ 通冷却水，检查冷却器的密封性和示流信号器动作的可靠性。

⑧ 检查轴承和电动机定子温度是否均为室温，否则应予以调整，同时检查温度信号计整定值是否符合实际要求。

⑨ 检查碳刷与刷环接触的紧密性、刷环的清洁程度及碳刷在刷盒内动作的灵活性。

⑩ 检查电动机的相序。

⑪ 检查电动机一次设备的绝缘电阻，做好记录，并记下测量时的环境温度。

⑫ 检查核对电气接线，吹扫灰尘，对一次和二次回路做模拟操作，并整定好各项参数。

4. 辅助设备的检查与单机试运行

对于设有辅助设备的情况，如泵站中的辅助设备等要进行以下检查。

① 检查油压槽、回油箱及贮油槽油位，同时试验液位计动作反应的正确性。

② 检查和调整油、气、水系统的信号元件及执行元件动作的可靠性。

③ 检查所有压力计（包括真空计）、液位计、温度计等反应的正确性。

④ 逐一对辅助设备进行单机运行操作，再进行联合运行操作，检查全系统的协联关系和各自的运行特点。

（二）处理构筑物或设备的试通水

污水处理工程竣工后，应对处理构筑物（或设备）、机械设备等进行试运转，检验其工艺性能是否满足设计要求。钢筋混凝土水池或钢结构设备在竣工验收（满水试验）后，其结构性能已达到设计要求，但还应对全部污水处理流程进行试通水试验，检验在重力流条件下污水或污泥流程的顺畅性，比较实际水位变化与设计水位；检验各处理单元间及全厂连通管渠水流的通畅性，附属设施是否能正常操作；检验各处理单元进出口水流流量与水位控制装置是否有效。

（三）机械设备及泵站机组试运行

1. 机械设备及泵站机组的第一次启动

经上述准备和检查合格后，即可进行第一次启动。第一次启动应用手动方式进行，有些设备应该轻载或空载启动（如离心泵的启动一定要轻启动），这样既符合试运行程序，也符合安全要求。空载启动是检查转动部件与固定部件是否有碰撞或摩擦，轴承温度是否稳定，摆度、振动是否合格，各种表计是否正常，油、气、水管路及接头、阀门等处是否渗漏，测定电动机启动特性等有关参数，对运行中发现的问题要及时处理。

2. 机械设备及泵站机组停机试验

机组运行 4～6h 后上述各项测试工作均已完成，即可停机。机组停机仍采用手动方式，停机时主要记录从停机开始到机组完全停止转动的时间。

3. 机组自动开、停机试验

开机前将机组的自动控制、保护、励磁回路等调试合格，并模拟操作准确，即可在操作盘上发出开机脉冲，机组即自动启动。停机也以自动方式进行。

4. 机组负荷试运行

机组负荷试运行的前提条件是轻载试运行合格，油、气、水系统工作正常，各处温升符合规定，振动、摆度在允许范围内，无异常响声和碰擦声，经试运行小组同意，即可进行带负荷运行。

（1）负荷试运行前的检查　主要包括以下几项。

① 检查进、出口内有无漂浮物，并应妥善处理。

② 各种阀门操作正常，要求动作准确，密封严密。

③ 油、气、水系统投入运行。

④ 各种仪表显示正常、稳定。

⑤ 人员就位，抄表。

（2）负载启动　上述工作结束即可负载启动。负载启动用手动或自动均可，由试运行小组视具体情况而定。负载启动时的检查、监视工作，仍按轻载启动各项内容进行。

如无通水必要，运行 6～8h 后，若一切运行正常，可按正常情况停机，停机前抄表 1 次。

5. 机械设备及泵站机组连续试运行

在条件许可的情况下，经试运行小组同意，可以进行污水设备及泵站机组连续试运行。其要求如下。

① 污水设备及泵站单台机组运行一般应在 7d 内累计运行 72h（含全部污水设备及泵站机组联合运行小时数）。

② 连续试运行期间，开机、停机不少于 3 次。

③ 污水设备及泵站机组联合运行的时间一般不少于 6h。

第二节　城市污水处理厂水质检测

进入污水厂的水量和水质总是随时间不断变化的。水量和水质的变化，必然导致污水处理系统的水量负荷、无机污染负荷、有机污染负荷的变化，污泥处理系统泥量负荷和有机质负荷的变化。因此，应对污水处理厂进水的水量水质以及各处理单元的水量水质进行监测，以便各处理单元能够以此采取措施适应水量水质的变化，保证污水厂的正常运行。

一、污水处理管理对水质检测的要求

1. 准确、可靠、及时、全面提供检测数据

提供准确的检测数据是污水厂化验室的中心工作。不正确的检测数据可能会误导技术人员，影响处理系统的运行管理，甚至造成严重的后果。检测数据的正确性是由多个主客观因素决定的，如检测人员的责任心、技术水平及实验室管理水平等。

检测数据的可靠性是和准确性密切相关的。作为检测人员不仅要掌握水质检测化验知识和技能，并不断积累经验，而且要掌握污水处理知识，了解各检测指标在污水处理过程中的实质意义，能用掌握的各类指标的相关性、匹配性判断检测结果，保证新出具数据约可靠性。

化验室及时提供运行所需的各类检测数据是保证污水处理厂正常运行的重要条件之一。当运行的某些环节出现问题、水质恶化时，化验数据的及时性就显得更为重要。化验人员应建立合理的检测工作程序，快速准确地报出数据。同时应尽量选择合理的水样预处理和检测方法，提高检测速度。

2. 为在线仪表的校正提供准确数据

污水处理厂大都配备了各类在线仪表，如 pH 计、MLSS 测定仪、溶解氧仪、COD 在线测定仪、氮和磷测定仪等。其中部分仪器在调试及定期校正时是以化学方法测定值为参考的，因此，为仪表校正提供准确数据对污水处理厂的正常运行具有重要意义。

二、城市污水处理厂常规分析化验项目

按照用途可以将污水处理厂的常规监测项目分为以下 3 类。

1. 反映污水处理效果的项目

进出水的 BOD_5、COD_{Cr}、SS 及有毒有害物质（视进水水质情况而定）等。

2. 反映污泥状况的项目

包括曝气池混合液的各种指标 SV、SVI、MLSS、MLVSS 及生物相观察等和回流污泥的各种指标。

3. 反映污泥环境条件和营养的项目

水温、pH 值、溶解氧、氮、磷等。

污水处理厂有些指标采用在线仪表随时监测，如水温、pH 值、溶解氧、COD、BOD_5、TN 和 TP 等。有些指标需要定期在化验室测定。由于各个污水处理厂自动化程度不同，能够在线监测项目也就不同。

三、城市污水处理厂主要理化指标分析方法

城市污水处理厂主要理化指标分析方法见表 6-1。

表 6-1 城市污水处理厂主要理化指标分析方法

序号	项目	方法	检测范围	方法来源
1	pH 值	玻璃电极法		GB 6920—1986
2	COD_{Cr}	重铬酸钾法	10～800	HJ 828—2017
3	BOD_5	稀释与接种法	＞3	HJ 505—2009
4	SS	滤膜法	＞5	GB 11901—1989
5	VSS	灼烧重量法		
6	TSS	重量法	＞2	CJ /T 54—1999
7	DO	碘量法	0.2～20	GB 7489—1987
8	NH_3-N	纳氏比色法	0.05～2.0	HJ 535—2009
9	NO_2^--N	分子吸收分光光度法	0.003～0.2	GB 7493—1987
10	NO_3^--N	酚二磺酸分光光度法	0.02～1.0	GB 7480—1987
11	TN	蒸馏纳氏比色法	0.05～2.0	HJ 503—2009
12	TP	钼蓝比色法	0.025～0.6	
13	挥发酚	氯仿萃取法	0.002～6	HJ 503—2009
14	碱度	酸碱滴定法		
15	挥发酸	蒸馏滴定法		
16	大肠菌群数	发酵法		GB/T 5750.1—2023

注：除 pH 值和大肠菌群数外，均以 mg/L 计。

第三节　好氧活性污泥的培养与驯化

一、培养与驯化方法

活性污泥的培养是为活性污泥的微生物提供一定的生长繁殖条件，包括营养物质、溶解氧、适宜的温度和酸碱度等。在这种情况下，经过一段时间就会有活性污泥形成，并在数量上逐渐增长，最后达到处理污水所需的污泥浓度。

活性污泥的培养方法有接种培养和自然培养。

1. 接种培养

将曝气池注满污水，然后大量投入接种污泥，再根据投入接种污泥的量，按正常或略低运行负荷进行连续培养。接种污泥一般为城市污水处理厂的干污泥，也可以用化粪池底泥或河道底泥。这种方法污泥培养时间较短，但受接种污泥来源的限制，一般只适合于小型污泥处理厂，或污水厂扩建时采用。对于大型污水处理厂，在冬季由于微生物代谢速率降低，当不受污泥培养时间限制时，可选择污水处理厂的小型处理构筑物（如曝气沉砂池、污泥浓缩池）进行接种培养，然后将培养好的活性污泥转移至曝气池中。

2. 自然培养

自然培养是指不投入接种污泥，利用污水现有的少量微生物，逐渐繁殖的过程。这种方法适合于污水浓度较高、有机物浓度较高、气候比较温和的条件下采用。必要时，可在培养初期投入少量的河道或化粪池底泥。

自然培养有以下几种具体方法。

（1）间歇培养　将曝气池注满水，然后停止进水，开始曝气。只曝气不进水的过程，称为闷曝。闷曝 2～3d 后，停止曝气，静沉 1h，然后排出部分污水并进入部分新鲜污水，这部分污水约占池容的 1/5。以后循环进行闷曝、静沉和进水三个过程，但每次进水量比上次有所增加，每次闷曝时间应比上次缩短，即进水次数增加。在污水的温度为 15～20℃时，采用这种方法，经过 15d 左右即可使曝气池中的 MLSS 超过 1000mg/L。此时可停止闷曝，连续进水连续曝气，并开始污泥回流。最初的回流比不要太大，可取 25%，随着 MLSS 的升高，逐渐将回流比增至设计值。

（2）连续培养　将曝气池注满污水，停止进水，闷曝 1d，然后连续进水连续曝气，当曝气池中形成污泥絮体，二沉池中有污泥沉淀时，可以开始回流污泥，逐渐培养直至 MLSS 达到设计值。在连续培养时，由于初期形成的污泥量少、污泥代谢性能不强，应该控制污泥负荷低于设计值，并随着时间的推移逐渐提高负荷。培养过程污泥回流比在初期也较低（一般为25%左右），然后随MLSS浓度提高逐渐增加污泥回流比，直至设计值。

对于工业废水或以工业废水为主的城市污水，由于其中缺乏专性菌种和足够的营养，因此在投产时除用一般菌种和所需要营养培养足量的活性污泥外，还应对所培养的活性污泥进行驯化，使活性污泥微生物群体逐渐形成具有代谢特定工业废水的酶系统，具有某种专性。

实际上活性污泥的培养和驯化可以分步进行，也可以同步进行。活性污泥的培养和驯化可归纳为异步培养法、同步培养法和接种培养法三种。

① 异步培法即先培养后驯化。

② 同步培养法则培养和驯化同时进行或交替进行。

③ 接种培养法利用其他污水处理厂的剩余污泥，再进行适当培养和驯化。

二、好氧活性污泥培养与驯化成功标志

活性污泥培养驯化成功的标志如下。

① 培养出的污泥及悬浮固体浓度MLSS达到设计标准。

② 稳定运行的出水水质达到设计要求。

③ 生物处理系统的各项指标达到设计要求。

④ 曝气池微生物镜检生物相丰富，有原生动物出现。

第四节　生物膜的培养与驯化

一、培养

生物膜反应器在投入运行时，首先应使微生物在载体上附着并生长增殖而形成生物膜。生物膜的培养常称为挂膜。

挂膜菌种大多数采用生活污水或粪便污水和活性污泥的混合液。由于生物膜中微生物固着生长，适宜于特殊菌种的生存，所以，挂膜有时也可采用纯培养的特异菌种菌液。特异菌种可单独使用，也可以同活性污泥混合使用。由于所用的特异菌种比一般自然筛选的微生物更适宜于污水环境，因此，在与活性污泥混合使用时，仍可保持特异菌种在生物相中的优势。

挂膜过程必须使微生物吸附在载体上，同时，还应不断供给营养物，使附

着的微生物能在载体上繁殖，不被水流冲走。单纯地用菌液或活性污泥混合液接种，即使载体上吸附有微生物，但还是不牢固，因此在挂膜时应同时投加菌液和营养液。

1. 闭路循环法

闭路循环法即将菌液和营养液从设备的一端流入（或从顶部喷淋下来），从另一端流出，将流出液收集在水槽内，槽内不断曝气，使菌与污泥处于悬浮状态，曝气一段时间后，进入分离池进行沉淀（0.5～1h），去掉上清液，适当添加营养物或菌液，再回流入生物膜反应设备，如此形成一个闭路系统，直到发现载体上长有黏状污泥，即开始连续进入污水。这种挂膜方法需要菌种及污泥量大，而且由于营养物缺乏，代谢产物积累，因而成膜时间较长，一般需要10d 以上。

2. 连续法

连续法即在菌液和污泥循环 1～2 次后连续进水，并使进水量逐步增大。这种挂膜法由于营养物供应良好，只要控制挂膜液的流速（在转盘中控制转速），即可保证微生物的吸附。在塔式滤池中挂膜时的水力负荷可采用 4～7$m^3/(m^2 \cdot d)$，为正常运行的 50%～70%，待挂膜后再逐步提高水力负荷至满负荷。

3. 生物接触氧化池的挂膜

生物接触氧化池的挂膜有两种方法，一种为湿法挂膜；另一种为干法挂膜。

湿法挂膜是将填料浸没在培养液中。培养液是菌种和含有丰富微生物食饵的混合液，由供气装置向培养液中提供足够的氧气，3d 后可由静态逐渐转入流态，10d 后按设计参数运行，20d 后挂膜阶段结束。当菌种数量不足或在冬季，可改用干法挂膜。干法挂膜时，氧化池内不盛水，填料暴露在空气中。在另一池子中将配制好的培养液淋洒在填料上，每天 3～5 次，每次淋透。淋洒期间供气装置应向氧化池内供气，让填料表面出现湿与干的周期变化。2～3d 后，填料表面已经牢牢地黏上一层带菌培养液。这时氧化池内可以进水，按设计参数运行，14d 后挂膜阶段结束。

为了能尽量缩短挂膜时间，应保证挂膜营养液及污泥量具有适宜细菌生长的 pH 值、温度、气水比、营养比等。

二、驯化

如果所需处理的污水中含工业废水时，因大多工业废水含有对微生物有抑制或毒害作用的污染物，所以挂膜后应对生物膜进行驯化，使之适应所处理工业废水的环境。

驯化是指对培养的生物膜（微生物群）逐步适应被处理污水中的有机污染物对其生长的影响，最终能降解这类有机污染物的过程。驯化周期视污染物的品种和浓度而定，一般为1～2个月。

当选用的菌种是处理含类似有机污染物的生物污泥时，挂膜结束后可直接转入试运行，否则，需对新培养的生物膜进行驯化。驯化时工业废水的投入量应逐渐增加，并且每个阶段稳定运行10d后再进入下个阶段。

在挂膜过程中，应经常采样进行显微镜检验，观察生物相的变化。

挂膜驯化后，系统即可进入试运转，测定生物膜反应设备的最佳工作运行条件，并在最佳条件下转入正常运行。

第五节　厌氧消化的污泥培养

厌氧消化系统试运行的一个主要任务是培养厌氧活性污泥，即消化污泥。厌氧活性污泥培养的主要目标是厌氧消化三个阶段所需的细菌，即甲烷细菌、产酸菌、水解酸化菌等。厌氧消化系统的启动，就是完成厌氧活性污泥的培养。当厌氧消化池经过满水试验和气密性试验后，即可开始甲烷菌的培养。厌氧活性污泥的培养有接种培养法和逐步培养法。

一、培养方法

1. 接种培养法

接种培养法是向厌氧消化装置中投入容积为总容积的10%～30%厌氧菌种污泥，接种污泥一般为含固率3%～5%的湿污泥。

接种污泥一般取自正在运行的厌氧处理装置，尤其是城市污水处理厂的消化污泥，当液态消化污泥运输不便时，可用污水厂经机械脱水后的干污泥。在厌氧消化污泥来源缺乏的地方，可从废坑塘中取腐化的有机底泥，或以人粪、牛粪、猪粪、酒糟或初沉池污泥代替。

大型污水厂若同时启动所需接种量太大，可分组分别启动。

2. 逐步培养法

逐步培养法就是向厌氧消化池内逐步投入生污泥，使生污泥自行逐渐转化为厌氧活性污泥。该方法要使活性污泥经历一个由好氧向厌氧的转变过程，加之厌氧微生物的生长速率比好氧微生物低很多，因此培养过程很慢，一般需历时 6～10 月才能完成甲烷菌的培养。

二、注意事项

① 产甲烷细菌对温度很敏感，厌氧消化系统的启动要注意温度的控制。

② 初期生污泥投加量与接种污泥的数量及培养时间有关，早期可按设计污泥量的 30%～50%投加，到培养经历了 60d 左右，可逐渐增加投泥量。若从监测结果发现消化不正常时，应减少投泥量。

③ 厌氧消化系统处理城市污水处理厂的活性污泥中碳、氮、磷等营养成分能够适应厌氧微生物生长繁殖的需要。因此，厌氧消化污泥培养不需要投加营养物质。

④ 为防止发生沼气爆炸事故，投泥前应使用不活泼的气体（氮气）将输气管路系统中的空气置换出去以后再投泥，产生沼气后再逐渐把氮气置换出去。

第七章

城市污水处理厂的主要设备

第一节　水泵

一、技术指标

1. 设备完好率

设备完好率是泵站机组的完好台数与总台数比值的百分数，即：

$$K_{sb}=\frac{N_{ws}}{N_s}\times 100\% \tag{7-1}$$

式中　K_{sb}——设备完好率，%；

N_{ws}——机组完好台套数，台；

N_s——机组总台套数，台。

设备完好率对于电力泵站不应低于 90%，对于内燃机泵站不应低于 80%。

2. 水泵效率

水泵效率是水泵输出功率与动力机的输入功率之比的百分数，即：

$$\eta=\frac{N_u}{N}\times 100\%=\frac{\rho gQH}{1000N}\times 100\% \tag{7-2}$$

式中　η——水泵效率，%；

N——某时段水泵的输入功率，kW；

N_u——同一时段水泵的输出功率，kW；

ρ——液体的密度，kg/m^3；

g——重力加速度，$g=9.81m/s^2$；

Q——水泵的流量，m^3/s；

H——水泵扬程，m。

《泵站设计标准》（GB 50265—2022）规定，对于新建泵站，抽取清水时，净扬程不大于 3m，泵站水泵装置的效率不宜低于 60%，净扬程大于 3m，轴流泵和混流泵泵站的水泵装置的效率不宜低于 65%，离心泵站泵段的效率不宜低于 83%。抽取多沙水流时，水泵装置的效率可以适当降低。对于改造泵站，水泵装置的效率可以适当降低，但最多不能超过上述数值 5%。

3. 能源单耗

能源单耗表示水泵抽升 1000t 水，提升 1m 所消耗的能量。其计算公式为：

$$e=\frac{E}{3.6\rho QH_{st}t} \tag{7-3}$$

式中 e——能源单耗，kW·h/（kt·m）；

E——水泵运行时段所消耗的总能量，kW·h或燃油kg；

H_{st}——水泵净扬程，m；

t——运行时间，h。

其余符号意义同前。

二、泵站运行日志与设备档案

1. 运行日志

城市污水处理厂的泵站不管大小都应设立运行日志，由操作管理工人定时记录机组的负荷、温升、出水量、扬程、开泵及停泵时间、电力消耗和保养检修记录。有了这些原始资料，可以经常掌握泵机组的技术状态，为设备维修提供依据，还可以分析和计算水泵机组的技术经济指标，为技术改造提供依据。运行日志要认真记录，妥善保存。

2. 设备档案

为了管好用好泵站设备，应对主要设备建立技术档案。技术档案记录的主要内容包括设备的规格性能、工作时间记录、检查记录、事故记录、检修记录、试验记录等。有了这些记录，可以了解设备的历史和现状，掌握设备性能，为设备的使用、修理、改造、事故的分析处理提供了可靠的依据，从而使设备达到安全、高效、低耗的运行。

将各种记录卡片装订成册，写明某设备技术档案，认真记录、妥善保存。此外，还应将本站平面图、水泵安装图、电气接线图、水泵性能曲线等收集齐全、妥善保管，并最好复制一套模拟图张贴在值班室。

三、水泵的维护

（一）离心泵的维护

1. 离心泵的组成及构造

离心泵的主要部件有泵壳、泵轴、叶轮、联轴器、轴封装置等。

(1) 叶轮　叶轮是泵的核心组成部分，可使水获得动能而产生流动。叶轮由叶片、盖板和轮毂组成，主要由铸铁、铸钢和青铜制成。

叶轮一般可分为单吸式和双吸式两种。按其盖板情况可分为封闭式、敞开式和半开式三种。污水泵往往采用封闭式叶轮单槽道或双槽道结构，以防止杂物堵塞；砂泵则往往采用半开式及敞开式结构，以防止砂粒对叶轮的磨损及堵塞。

（2）泵壳　泵壳由泵盖和泵体组成。泵体包括泵的吸水口、蜗壳形通道和泵的出水口。蜗壳形流道沿流出的方向不断增大，可使其中水流的速度保持不变，以减少由于流速的变化而产生的能量损失。泵的出水口处有一段扩散形的锥形管，水流随着断面的增大，速度逐渐减小，而压力逐渐增大，水的动能转化为势能。一般在泵体顶部设有放气或加水的螺孔，以便在水泵启动前用来抽真空或灌水。在泵体底部设有放水螺孔，当停止用泵时，泵内的水由此放出，以防冻和防腐。

（3）泵轴　泵轴是用来带动叶轮旋转的，它的材料要求有足够的强度与刚度，一般用经过热处理的优质钢制成，泵轴的直度要求非常高，任何微小的弯曲都可能造成叶轮的摆动，一定要小心，勿使其变形。泵轴一端用键、叶轮螺母和外舌止退圈固定叶轮，另一端装联轴器与电机或者其他原动机相连。为了防止填料与轴直接摩擦，有些离心泵的轴在与填料接触部位装有保护套，以便磨损后可以更换。

（4）轴承　轴承用以支持转动部分的重量以及承受运行时的轴向力及径向力。一般来说，卧式泵以径向力为主，立式泵以轴向力为主。有的大型泵为了降低轴承温度，在轴承上安装了轴承降温水套，用循环的净水冷却轴承。

（5）减漏环　又称密封环。在转动的叶轮吸入口的外缘与固定的泵体内缘存在一个间隙，是水泵内高低压的一个界面。这个间隙如果过大，则泵体内高压水便会经过此间隙回漏到叶轮的吸水侧，从而降低水泵的效率。如果间隙太小，叶轮的转动就会与泵体发生摩擦，特别是水中含有砂粒时更会加剧这种摩擦。为了保护叶轮和泵体，同时为了减少漏水损失，在叶轮的吸入口与泵体的同一部位安装减漏环。减漏环有单环形、双环型和双环迷宫型。

（6）轴封装置　在轴穿出泵盖处，为了防止高压水通过转动间隙流出及空气流入泵内，必须设置轴封装置。轴封装置有填料盒密封和机械密封。

填料盒密封是国内水泵使用最广泛的一种轴承装置。填料又称盘根，常用的有浸油石棉盘根、石棉石墨盘根。近年来，碳纤维盘根及聚四氟乙烯盘根也相继出现，使其使用效果要好于前者，但是成本较高。盘根的断面大部分为方形，它的作用是填充间隙进行密封，通常为 4～6 圈，填料的中部装有水封环，是一个中间凹外圈凸起的圆环，该环对准水封管，环上开有若干小孔。当泵运行时，泵内的高压水通过水封管进入水封环渗入填料进行水封，同时还起冷却及润滑泵轴的作用。填料压紧的程度用压盖上的螺丝来调节。如压得过紧，虽然能减少泄漏，但填料与轴摩擦损失增加，消耗功率也大，甚至发生抱轴现象，使轴过快磨损；压得过松，则达不到密封效果。因此，应保持密封部位每分钟 25～150 滴水为宜，但具体的泵应根据其说明书的要求来控制滴水的频率。

机械密封又称端面密封。机械密封主要是依靠液体的压力和压紧元件的压力，使密封端面上产生适当的压力和保持一层极薄的液体膜而达到密封的目的。

2. 离心泵的常见故障和排除

离心泵的常见故障现象有水泵不出水或水量不足、电动机超载、水泵振动或有杂声、轴承发热、填料密封装置漏水等多种。

离心泵常见故障及排除方法见表 7-1。

表 7-1　离心泵常见故障及排除方法

故障现象	原因分析	排除方法
启动后水泵不出水或出水不足	(1) 泵壳内有空气，灌泵工作没做好； (2) 吸水管路及填料有漏气； (3) 水泵转向不对； (4) 水泵转速太低； (5) 叶轮进水口及流道堵塞； (6) 底阀堵塞或漏水； (7) 吸水井水位下降，水泵安装高度太大； (8) 减漏环及叶轮磨损； (9) 水面产生漩涡，空气带入泵内； (10) 水封管堵塞	(1) 继续灌水或抽气； (2) 堵塞漏气，适当压紧填料； (3) 对换一对接线，改变转向； (4) 检查电路是否电压太低； (5) 揭开泵盖，清除杂物； (6) 清除杂物或修理； (7) 核算吸水高度，必要时降低安装高度； (8) 更换磨损零件； (9) 加大吸水口淹没深度或采取防止措施； (10) 拆下清通

续表

故障现象	原因分析	排除方法
水泵开启不动或启动后轴功率过大	(1) 填料压得太死,泵轴弯曲,轴承磨损; (2) 多级泵中平衡孔堵塞或回水管堵塞; (3) 靠背轮间隙太小,运行中两轴相顶; (4) 电压太低; (5) 实际液体的相对密度远大于设计液体的相对密度; (6) 流量太大,超过使用范围太多	(1) 松一点压盖,矫直泵轴,更换轴承; (2) 清除杂物,疏通回水管路; (3) 调整靠背轮间隙; (4) 检查电路,向电力部门反映情况; (5) 更换电动机,提高功率; (6) 关小出水闸阀
水泵机组振动和噪声	(1) 地脚螺栓松动或没填实; (2) 安装不良,联轴器不同心或泵轴弯曲; (3) 水泵产生气蚀; (4) 轴承损坏或磨损; (5) 基础松软; (6) 泵内有严重摩擦; (7) 出水管存留空气	(1) 拧紧并填实地脚螺栓; (2) 找正联轴器不同心度,矫直或换轴; (3) 降低吸水高度,减少水头损失; (4) 更换轴承; (5) 加固基础; (6) 检查咬住部位; (7) 在存留空气处加装排气阀
轴承发热	(1) 轴承损坏; (2) 轴承缺油或油太多(使用黄油时); (3) 油质不良,不干净; (4) 轴弯曲或联轴器没找正; (5) 滑动轴承的甩油环不起作用; (6) 叶轮平衡孔堵塞,使泵轴向力不能平衡; (7) 多级泵平衡轴向力装置失去作用	(1) 更换轴承; (2) 按规定油面加油,去掉多余黄油; (3) 更换合格润滑油; (4) 矫直或更换泵轴的正联轴器; (5) 放正油环位置或更换油环; (6) 清除平衡孔上堵塞的杂物; (7) 检查回水管是否堵塞,联轴器是否相碰,平衡盘是否损坏

续表

故障现象	原因分析	排除方法
电动机过载	(1) 转速高于额定转速; (2) 水泵流量过大,扬程低; (3) 电动机或水泵发生机械损坏	(1) 检查电路及电动机; (2) 关小闸阀; (3) 检查电动机及水泵
填料处发热、漏渗水过少或没有	(1) 填料压得太紧; (2) 填料环装的位置不对; (3) 水封管堵塞; (4) 填料盒与轴不同心	(1) 调整松紧度,使滴水呈滴状连续渗出; (2) 调整填料环位置,正好对准水封管口; (3) 疏通水封管; (4) 检修,改正不同心地方

3. 离心泵的检修与维护

离心泵一般一年大修一次，若累计运行时间未满 2000h，可按具体情况适当延长。其内容如下。

① 泵轴弯曲超过原直径的 0.05%时，应校正。泵轴和轴套间的不同心度不应超过 0.05mm，超过时要重新更换轴套。水泵轴锈蚀或磨损超过原直径的 2%时，应更换新轴。

② 轴套有规则的磨损超过原直径的 3%、不规则磨损超过原直径 2%时，均需换新。同时，检查轴和轴套的接触面有无渗水痕迹，轴套与叶轮间纸垫是否完整，不合要求应修正或更换。新轴套装紧后和轴承的不同心度不宜超过 0.02mm。

③ 叶轮及叶片若有裂纹、损伤及腐蚀等情况，轻者可采用环氧树脂等修补，严重者要更换新叶轮。叶轮和轴的连接部位如有松动和渗水，应修正或者更换连接键，叶轮装上泵轴后的晃动值不得超过 0.05mm（这一数值仅供参考，因有些高速叶轮对晃动值的要求更高一些)。修整或更换过的叶轮要求校验动平衡及静平衡，如果超出允许范围应及时修正，例如将较重的一侧锉掉一些等，但是禁止用在叶轮上钻孔的方法来实现平衡，以免在钻孔处出现应力集中造成的破坏。

④ 检查密封环有无裂纹及磨损，与叶轮的径向间隙不宜超过规定的最大允许值，超过时应该换新。在更换密封环时，应将叶轮吸水口处外径车削，原则是见光即可，车削时要注意与轴同心。然后将密封环内径按配合间隙值车好

尺寸，密封环与叶轮之间的轴向间隙在3～5mm之间为宜。

⑤ 滚珠轴承及轴承盖都要清洗干净，如轴承有点蚀、裂纹或者游隙超标，要及时更换。更换时轴承等级不得低于原装轴承的等级，一定要使用正规轴承厂的产品。更换前应用塞规测量游隙，大型水泵每次大修时应清理轴承冷却水套中的水垢及杂物，以保证水流通畅。

⑥ 填料函压盖在轴或轴套上应移动自如，压盖内孔和轴或轴套的间隙保持均匀，磨损不得超过3%，否则要嵌补或者更新。水封管路要保持畅通。

⑦ 清理泵壳内的铁锈，如有较大凹坑应修补，清理后重新涂刷防锈漆。

⑧ 对吸水底阀要检修，动作要灵活，密封要良好。采用真空泵引水的要保证吸水管阀无漏气现象，真空泵要保持完好。

⑨ 检查止回阀门的工作状况，密封圈是否密封，销子是否磨损过多，缓冲器及其他装置是否有效，如有损坏应及时维修或更换。

⑩ 出水控制阀门要及时检查和更换填料，以防止漏水。

⑪ 水泵上的压力表、真空表，每年应由计量权威部门校验一次，并清理管路和阀门。

⑫ 检查与电机相连的联轴器是否连接良好，键与键槽的配合有无松动现象，并及时修正。

⑬ 电动机的维修应由专业电工维修人员进行，禁止不懂电的人员拆修电机。

⑭ 如遇灾难性情况，如大水将地下泵房淹没等，应及时排除积水，清洗及烘干电机及其他电器，并证明所有电器及机械设施完好后方可试运行。

⑮ 定时更换轴承内的润滑油、润滑脂。对于装有滑动轴承的新泵，运行100h左右，应更换润滑油，以后每运转300～500h应换油一次，但每半年至少换油一次。滚动轴承每运转1200～1500h应补充黄油一次，但至少每年换油一次。转速较低的水泵可适当延长。

⑯ 如较长时间内不继续使用或在冬季，应将泵内和水管内的水放尽，以防生锈或冻裂。

⑰ 在排灌季节结束后，要进行一次小修，累计运行2000h左右应进行一次大修。

（二）轴流泵的维护

1. 轴流泵的组成及构造

轴流泵的工作是以空气动力学中的升力理论为基础的。当叶轮高速旋转时，泵体中的液体质点就会受到来自叶轮的轴向升力的作用，使水流沿轴向方向流动。

轴流泵外形很像一根水管，泵壳直径与吸水口直径差不多。轴流泵按泵轴的工作位置可以分为立轴、横轴和斜轴三种结构形式。由于立轴泵占地面积小，轴承磨损均匀，叶轮淹没在水中，启动无需灌水，还可以采用分座式支承方式并且能将电机安置在较高位置上，以防被水淹没，因此大多数轴流泵都采用立式结构。图 7-1 所示为立式半调（节）式轴流泵结构。

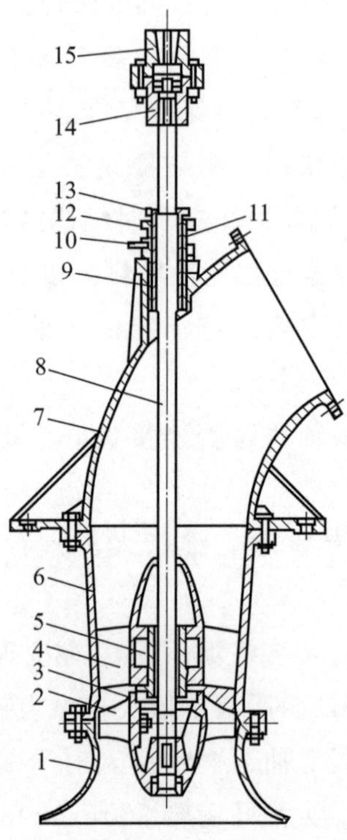

图 7-1　立式半调（节）式轴流泵结构

1—吸入管；2—叶片；3—轮毂；4—导叶；5—下导轴承；6—导叶管；7—出水弯管；8—泵轴；9—上导轴承；10—引水管；11—填料；12—填料盒；13—压盖；14—泵联轴器；15—电动机联轴器

轴流泵基本部件由吸入管、叶轮（包括叶片、轮毂）、导叶、泵轴、出水弯、上下轴承、填料盒以及叶片角度的调节机构等组成。

(1) 吸入管

吸入管的作用就是改善入口处水力条件，使来流稳定、均匀地流至叶轮进口。一般采用符合流线型的喇叭管或做成流道形式。

(2) 叶轮

轴流泵叶轮按其调节的可能性，可以分为固定式、半调式和全调式3种。

① 固定式轴流泵。叶片和轮毂体是一体的，叶片的安装角度是不能调节的。

② 半调式轴流泵。叶片是用螺母栓紧在轮毂体上，在叶片的根部上刻有基准线，而在轮毂体上刻有几个相应的安装角度的位置线。在使用过程中，可以根据流量和扬程的变化需要，调整叶片的安装角度，确保水泵在高效区工作。但调节叶片安装角度只能在停机的情况下完成。

③ 全调式轴流泵。可以根据不同的扬程与流量要求，在停机或不停机的情况下，通过一套油压调节机构来改变叶片的安装角度，从而来改变其性能，以满足使用要求。这种全调式轴流泵调节机构比较复杂，一般应用于大型轴流泵站。

（3）导叶

在轴流泵中，液体流经叶轮时，除有轴向运动以外，还随叶轮有一个旋转运动，液体流出叶轮后继续旋转，而这种旋转运动是不需要的。导叶的作用就是把叶轮中向上流出的水流旋转运动变为轴向运动，把旋转的动能变为压力能，从而提高了泵的效率。导叶是固定在泵壳上不动的，水流经过导叶时就消除了旋转运动。一般轴流泵中有6～12片导叶。

（4）轴和轴承

泵轴是用来传递扭矩的。在大型轴流泵中，为了在轮毂体内布置调节、操作机构，泵轴常做成空心轴，里面安置调节操作油管。轴承在轴流泵中按其功能有两种。

① 导轴承。主要是用来承受径向力，起到径向定位作用。

② 推力轴承。其主要作用在立式轴流泵中，用来承受水流作用在叶片上的方向向下的轴向推力、水泵转动部件重量以及维持转子的轴向位置，并将这些推力传到机组的基础上去。

（5）密封装置

轴流泵出水弯管的轴孔处需要设置密封装置，一般常用压盖填料型的密封装置。

（6）出水弯管

出水弯管作为轴流泵的一个过流部件起到了改变流向的作用，弯管角度一般为60°或75°。

2. 轴流泵的常见故障及排除

表7-2所列为轴流泵常见故障及排除方法。

表 7-2　轴流泵常见故障及排除方法

故障现象	原因分析		排除方法
启动后不出水或出水量不足	不符合性能要求	(1) 叶轮淹没深度不够，或卧式泵吸程太高； (2) 装置扬程过高； (3) 转速过低； (4) 叶片安装角太小； (5) 叶轮外圆磨损，间隙加大	(1) 降低安装高度，或提高进水池水位； (2) 提高进水池水位，降低安装高度，减少管路损失或调整叶片安装角； (3) 提高转速； (4) 增大安装角； (5) 更换叶轮
	零部件损坏，内部有异物	水管或叶轮被杂物堵塞	清除杂物
	安装、使用不符合要求	(1) 叶轮转向不符； (2) 叶轮螺母脱落； (3) 泵布置不当或排列过密	(1) 调整转向； (2) 重新旋紧，螺母脱落原因一般是停车时水倒流，使叶轮倒转所致，故应设法解决停车时水的倒流问题； (3) 重新布置或排列
	进水条件不良	(1) 进水池太小； (2) 进水形式不佳； (3) 进水池水流不畅或堵塞	(1) 设法增大； (2) 改变形式； (3) 清理杂物
动力机超载	不符合性能要求	(1) 因装置扬程过高、叶轮淹没深度不够、进水不畅等，水泵在小流量工况下运行，使轴功率增加，动力机超载； (2) 转速过高； (3) 叶片安装角过大	(1) 消除造成超载的各项原因； (2) 降低转速； (3) 减小安装角

续表

故障现象	原因分析		排除方法
动力机超载	零件损坏或内部有异物	(1) 出水管堵塞; (2) 叶片上缠绕杂物(如杂草、布条、纱布、纱线等); (3) 泵轴弯蓝; (4) 轴承损坏	(1) 清除; (2) 清理; (3) 校直或调换; (4) 调换
	安装、使用不符合要求	(1) 叶片与泵壳摩擦; (2) 轴安装不同心; (3) 填料过紧; (4) 进水池不符合设计要求	(1) 重新调整; (2) 重新调整; (3) 旋松填料压盖或重新安装; (4) 水池过小,应予以放大;两台水泵中心距过小,应予以移开;进水处有漩涡,设法消除;水泵离池壁或池底太近,应予以放大
水泵振动或有异常声音	不符合性能要求	(1) 叶轮淹没深度不够或卧式吸程太高; (2) 转速过高	(1) 提高进水池水位或重新安装; (2) 降低转速
	零部件损坏或内部有异物	(1) 叶轮不平衡或叶片缺损或缠有杂物; (2) 填料磨损过多或变质发硬; (3) 滚动轴承损坏或润滑不良; (4) 橡胶轴承磨损; (5) 轴弯曲	(1) 调整叶轮、叶片或重新做平衡试验或清除杂物; (2) 更换或用机油处理使其变软; (3) 调换轴承或清洗轴承,重新加注润滑油; (4) 更换并消除引起的原因; (5) 校直或更换

续表

故障现象	原因分析		排除方法
水泵振动或有异常声音	安装、使用不符合要求	(1) 地脚螺丝或联轴器螺丝松动; (2) 叶片安装角不一致; (3) 动力机轴与泵轴不同心; (4) 水泵布置不当或排列过密; (5) 叶轮与泵壳摩擦	(1) 拧紧; (2) 重新安装; (3) 重新调整; (4) 重新布置或排列; (5) 重新调整
	进水条件不良	(1) 进水池太小; (2) 进水池形式不佳; (3) 进水池水流不畅或堵塞	(1) 设法增大; (2) 改变形式; (3) 清理杂物

(三) 潜水泵的维护

1. 潜水泵组成与构造

潜水泵主要是由电机、水泵和扬水管三个部分组成的，电机与水泵连在一起，完全浸没在水中工作。污水处理厂用得较多的是潜水排污泵。潜水排污泵按其叶轮的形式分有离心式、轴流式和混流式。

图 7-2 所示为 QWB 型立式潜水排污泵结构。吸入口位于泵的底部，排出口水平设置，采用立式潜水电动机与泵体直联，过负荷保护装置和浸水保护装置保证了运转的安全。

由于潜水泵长期在水下运行，因此对电机的密封要求非常严格。如果密封质量不当，或者使用管理不好，会因漏水而导致电机烧毁。

潜水电动机较一般电动机有特殊要求，通常有干式、半干式、湿式、充油式及气垫密封式电动机等几种类型。

① 干式电机除对绕组绝缘加强防潮外，与一般电机无区别。由于干式潜水电机不允许所输送液体进入电机内腔，故在电机的轴伸端需要采取良好的密封措施。通常采用机械密封装置。但由于该密封装置结构较复杂，加工工艺要求高，若水中含有泥沙，则密封构件很容易被磨损，使密封失效，故抽送不含

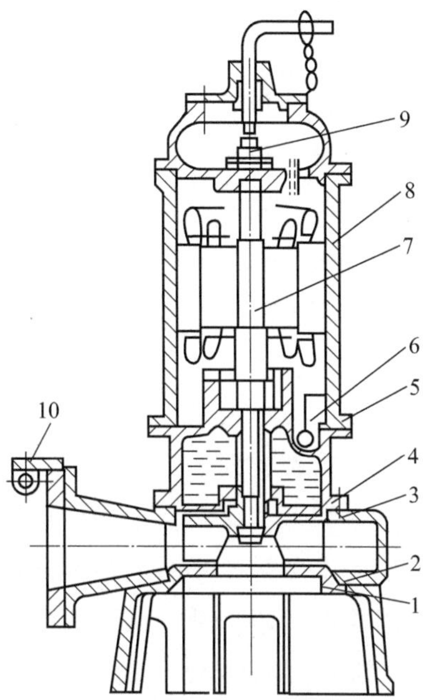

图 7-2　QWB 型立式潜水排污泵结构

1—进水端盖；2—O 形密封圈；3—泵体；4—叶轮；5—浸水检出口；6—机械密封；7—轴；8—电动机；9—过负荷保护装置；10—连接部件

泥沙的水。

② 半干式电动机是仅将电动机的定子密封，而让转子在水中旋转。

③ 湿式电动机是在电动机定子内腔充以清水或蒸馏水，转子在清水中转动，定子采用聚乙烯、尼龙等防水绝缘导线绕制而成。为解决电机绕组及水润滑轴承的冷却问题，电机内腔充满清水。因而，这种泵的轴封仅起到防止泥沙进入电机的作用，结构较简单，便于制造和维修。但是，这种泵对电机定子所用的绝缘导线和水润滑轴承材料要求较高，还要考虑部件的防锈蚀问题。

④ 充油式电动机就是在电动机内充满绝缘油（如变压器油），防止水和潮气进入电机绕组，并起绝缘、冷却、润滑和防止水及潮气侵入电机内腔的作用。同时，在电机轴伸端仍需设置机械密封，以阻止水和泥沙进入以及油的泄漏。电机定子线圈采用加强绝缘的耐油、耐水漆包线绕制。这种泵的电机转子因在黏滞性较大的油中转动，造成较大的功率损耗，导致效率有所下降，一般下降 3%～5%。

⑤ 气垫密封式潜污泵的电机与干式潜水电机一样，但在电机下端设有气封室，并由几个孔道与外界相通。泵潜入吸水池后，气封室内的空气在外界液体压力的作用下形成气垫，达到阻止液体进入电机内腔的目的。这种泵只适用

于潜水深度较小且稳定的场合，由于这种密封方式存在因空气的溶解而使水进入电机内腔的危险，故使用得很少。

很多型号的潜水泵都设有自动耦合装置，在泵出口端设有滚轮，在导轨内上下滚动，耦合装置保证泵的出水口与固定在基础上的出水弯管自动耦合和脱接，泵的检修工作可在池外进行。竖向导轨下端固定于弯管支座上，上端与污水池顶梁或墙（出口弯管侧）内预埋钢板焊接固定。轴承与潜水电动机共用。轴封采用机械密封，传动与潜水电动机同轴，由电动机直接驱动。

2. 潜水泵的维护和保养

（1）经常加油，定期换油　潜水电泵每工作 1000h，必须调换一次密封室内的油，每年调换一次电动机内部的油液。对充水式潜水电泵还需定期更换上下端盖、轴承室内的骨架油封和锂基润滑油，确保良好的润滑状态。

对带有机械密封的小型潜水电泵，必须经常打开密封室加油螺孔加满润滑油，使机械密封处于良好的润滑状态，延长其工作寿命。

（2）及时更换密封盒　如果发现漏入电泵内部的水较多时（正常泄漏量为每小时 0.1mL)，应及时更换密封盒，同时测量电机绕组的绝缘电阻值。若绝缘电阻值低于 0.5MΩ 时，需进行干燥处理，方法与一般电动机的绕组干燥处理相同。更换密封盒时应注意外径及轴孔中 O 形封环的完整性，否则水会大量漏入潜水泵的内部而损坏电机绕组。

（3）经常测量绝缘电阻值　用 500V 或 1000V 的兆欧表测量电泵定子绕组对机壳的绝缘电阻数值，在 1MΩ 以上者（最低不得小于 0.5MΩ）方可使用，否则应进行绕组维修或干燥处理，以确保使用安全性。

（4）合理保管　长期停用时，潜水泵不宜长期浸泡在水中，应在干燥通风的室内保管。对充水式潜水泵应先清洗，除去污泥杂物后再放在通风干燥的室内。潜水泵的橡胶电缆保管时要避免太阳光的照射，否则容易老化，表面将产生裂纹，严重时将引起绝缘电阻的降低或使水通过电缆护套进入潜水泵的出线盒，造成电源线的相间短路或绕组对地绝缘电阻为零等严重后果。

（5）及时进行潜水泵表面的防锈处理　潜水泵使用一年后应根据潜水泵表面的腐蚀情况及时地进行涂漆防锈处理。其内部的涂漆防锈应视泵型和腐蚀情况而定。一般情况下，内部充满油时是不会生锈的，此时内部不必涂漆。

（6）潜水泵每年（或累计运行 2500h）应维护保养一次　内容包括：拆开泵的电动机，对所有部件进行清洗，除去水垢和锈斑，检查其完好度，及时整修或更换损坏的零部件；更换密封室内和电动机内部的润滑油；若密封室内放出的润滑油浑浊且水含量超过 50mL，则需更换整体式密封盒或动、静密封环。

（7）气压试验　经过检修的电泵或更换机械密封后，应该以 0.2MPa 的气压试验检查各零件止口配合面处 O 形封环和机械密封的两道封面是否有漏气现象，如有漏气现象必须重新装配或更换漏气零部件。分别在密封室和电动机内部加入 N7（或 N10）机械油，或用 N15 机械油、缝纫机油，10 号、15 号、25 号变压器油代用。

3. 潜水泵的常见故障及排除

表 7-3 所列为潜水泵常见故障及排除方法。

表 7-3　潜水泵常见故障及排除方法

故障现象	原因分析	排除方法
启动后不出水	（1）叶轮卡住； （2）电源电压过低； （3）电源断电或断相； （4）电缆线断裂； （5）插头损坏； （6）电缆线压降过大； （7）定子绕组损坏；电阻严重不平衡；其中一相或两相断路；对地绝缘电阻为零	（1）清除杂物，然后用手盘动叶轮看其是否能够转动。若发现叶轮的端面同口环相擦，则需用垫片将叶轮垫高一点； （2）改用高扬程水泵，或降低电泵的扬程； （3）逐级检查电源的保险丝和开关部分，发现并消除故障；检查三相温度继电器触点是否接通，并使之正常工作； （4）查出断点并连接好电缆线； （5）更换或修理插头； （6）根据电缆线长度，选用合适的电缆规格，增大电缆的导电面积，减小电缆线压降； （7）对定子绕组重新下线进行大修，最好按原来的设计数据进行重绕
出水量过少	（1）扬程过高； （2）过滤网阻塞； （3）叶轮流通部分堵塞； （4）叶轮转向不对； （5）叶轮或口环磨损； （6）潜水泵的潜水深度不够； （7）电源电压太低	（1）根据实际需要的扬程高度，选择泵的型号，或降低扬程高度； （2）清除潜水泵格栅外围的水草等杂物； （3）拆开潜水泵的水泵部分，清除杂物； （4）更换电源线的任意两根非接地线的接法； （5）更换叶轮或口环； （6）加深潜水泵的潜水深度； （7）降低扬程

续表

故障现象	原因分析	排除方法
电泵突然不转	(1) 保护开关跳闸或保险丝烧断; (2) 电源断电或断相; (3) 潜水泵的出线盒进水，连接线烧断; (4) 定子绕组烧坏	(1) 查明保护开关跳闸或保险丝烧断的具体原因,然后对症下药,予以调整和排除; (2) 接通电线; (3) 打开线盒,接好断线包上绝缘胶带,消除出线盒漏水原因,按原样装配好; (4) 对定子绕组重新下线进行大修。 除及时更换或检修定子绕组外,还应根据具体情况找到产生故障的根本原因,消除故障
定子绕组烧坏	(1) 接地线错接电源线; (2) 断相工作,此时电流比额定值大得多,绕组温升很高,时间长了会引起绝缘老化而损坏定子绕组; (3) 机械密封损坏而漏水,降低定子绕组绝缘电阻而损坏绕组; (4) 叶轮卡住,电泵处于三相制动状态,此时电流为6倍左右的额定电流,如无开关保护,很快烧坏绕组; (5) 定子绕组端部碰潜水泵外壳,而对地击穿; (6) 潜水泵开、停过于频繁; (7) 潜水泵脱水运转时间太长	(1) 正确地将潜水泵电缆线中的接地线接在电网的接地线或临时接地线上; (2) 及时查明原因,接上断相的电源线,或更换电缆线; (3) 经常检查潜水电泵的绝缘电阻情况,绝缘电阻下降时,及时采取措施维修; (4) 采取措施防止杂物进入潜水泵卡住叶轮,注意检查潜水泵的机械损坏情况,避免叶轮由于某种机械损坏而卡住。同时,运行过程中一旦发现水泵突然不出水应立即关机检查,采取相应措施检修; (5) 绕组重新嵌线时尽量处理好两端部,同时去除上、下盖内表面上存在的铁疙瘩,装配时避免绕组端部碰到外壳; (6) 不要过于频繁地开、关电泵,避免潜水泵负载过重或承受不必要的冲击载荷,如有必要重新启动潜水泵则应等管路内的水回流结束后再启动; (7) 运行中应密切注意水位的下降情况,不能使电泵长时间(>1min) 在空气中运转,避免潜水泵缺少散热和润滑条件

（四）螺旋泵的维护

1. 螺旋泵的组成及构造

螺旋泵也称阿基米德螺旋泵，利用螺旋推进原理提水。螺旋泵装置主要由电动机、变速装置、泵轴、叶片、轴承座、泵壳等部分所组成，如图 7-3 所示。

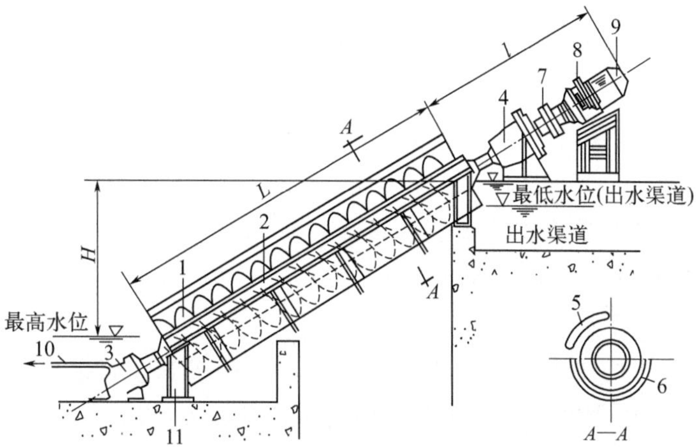

图 7-3　螺旋泵装置

1—螺旋轴；2—轴心管；3—下轴承座；4—上轴承座；5—罩壳；6—泵壳；7—联轴器；8—减速箱；9—电动机；10—润滑水管；11—支架

泵体连接着上下水池，泵壳仅包住泵轴及叶片的下半部，上半部安装小半截挡板，以防止污水外溅。泵壳与叶片间既要保持一定的间隙，又要做到密贴，尽量减少液体侧流，以提高泵的效率，一般叶片与泵壳之间保持 1mm 左右间隙。大中型泵壳可用预制混凝土砌块拼成，小型泵壳一般采用金属材料卷焊制成，也可用玻璃钢等其他材料制作。

① 采用螺旋泵抽水可以不设集水池，不建地下式或半地下式泵房，节约土建投资。螺旋泵抽水不需要封闭的管道，因此水头损失较小，电耗较低。

② 由于螺旋泵螺旋部分是敞开的，维护与检修方便，运行时无需看管，便于实行遥控和在无人看管的泵站中使用，还可以直接安装在下水道内提升污水。

③ 螺旋泵叶片间隙大，可以提升破布、石头、杂草、罐头盒、塑料袋以及废瓶子等任何能进入泵叶片之间的固体物。因此，泵前可不必设置格栅。格栅设于泵后，在地面以上，便于安装、检修与清除。

④ 使用螺旋泵时，可完全取消通常其他类型污水泵配用的吸水喇叭管、底阀、进水和出水闸阀等配件和设备。

⑤ 由于螺旋泵转速慢，在提升活性污泥和含油污水时，不会打碎污泥颗

粒和矾花；用于沉淀池排泥，对沉淀污泥起一定的浓缩作用。

由于以上特点，螺旋泵在排水工程中的应用近年来日渐增多。螺旋泵的缺点如下。

① 受机械加工条件的限制，泵轴不能过粗过长，所以扬程较低，一般为3～6m，最高可达12m。因此，不适用于高扬程、出水水位变化大或出水为压力管的场合。

② 螺旋泵的出水量直接与进水位有关，因此不适用于水位变化较大的场合。

③ 螺旋泵必须斜装，占地较大。

2. 螺旋泵的检修与维护

① 应尽量使螺旋泵的吸水位在设计规定的标准点或标准点以上工作，此时螺旋泵的扬水量为设计流量。若吸水位低于标准点，即使仅低几厘米，螺旋泵的扬水量也将显著下降。

② 当螺旋泵长期停用时，如果长期不动，螺旋泵螺旋部分向下的挠曲会永久化，因而影响到螺旋与泵槽之间的间隙及螺旋部分的动平衡。所以，每隔一段时间应将螺旋转动一定角度以抵消向一个方向挠曲所造成的不良影响。

③ 螺旋泵的螺旋部分大都在室外工作，在北方冬季启动螺旋泵之前必须检查吸水池内是否结冰、螺旋部分是否与泵槽冻结。启动前要清除积冰，以免损坏驱动装置或螺旋泵叶片。

④ 确保螺旋泵叶片与泵槽的间隙均匀是保证螺旋泵高效运行的关键，应经常测量运行中的螺旋泵与泵槽的间隙是否在5～8mm之间，并调整到均匀准确的程度。巡检时注意螺旋泵声音的异常变化，例如螺旋叶片与泵槽相互摩擦时会发出钢板在地面刮行的声响，此时应立即停泵检查故障，调整间隙。上部轴承发生故障时也会发出异常的声响且轴承外壳体发热，巡检时也要注意。

⑤ 由于螺旋泵一般都是30°倾斜安装，驱动电动机及减速机也必须倾斜安装，可能会影响减速机的润滑效果。因此，为减速机加油时应使油位比正常油位高一些，排油时如果最低位没有放油口，应设法将残油抽出。

⑥ 要定期为上、下轴承加注润滑油，为下部轴承加油时要观察是否漏油。如果发现有泄漏，要放空吸水池后紧固盘根或更换失效的密封垫。在未发现问题的情况下也要定期排空吸水池进行空车运转，以检查水下轴承是否正常。

（五）螺杆泵的维护

1. 螺杆泵的组成及构造

螺杆泵分为单螺杆泵、双螺杆泵及三螺杆泵，污水处理厂的污泥输出主要使用单螺杆泵（本书简称螺杆泵），见图 7-4。

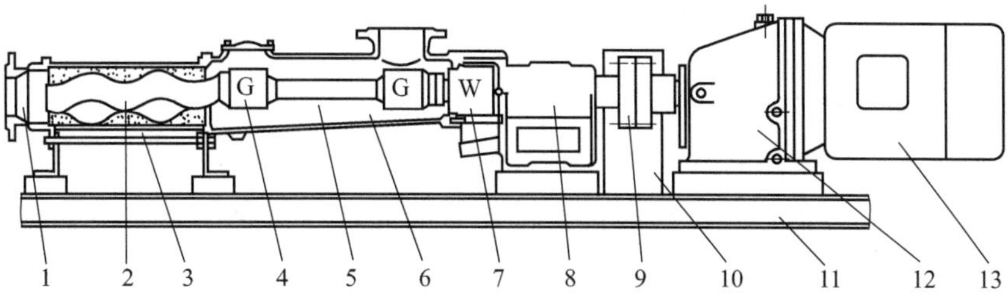

图 7-4　单螺杆泵

1—排出室；2—转子；3—定子；4—联轴器；5—联轴器；6—吸入室；7—轴封；8—轴承座；9—联轴器；10—联轴器罩；11—底座；12—减速箱机；13—电动机

单螺杆泵又称莫诺泵，是一种有独特工作方式的容积泵，主要由驱动马达及减速机、连轴杆及连杆箱（又称吸入室）、定子及转子等部分组成。

（1）螺杆泵的转子

螺杆泵的转子是一根具有大导程的螺杆，根据所输送介质的不同，转子由高强度合金钢、不锈钢等制成。为了抵抗介质对转子表面的磨损，转子的表面都经过硬化处理，或者镀一层抗腐蚀、高硬度的铬层。转子表面的光洁度非常高，这样才能保证转子在定子中转动自如，并减少对定子橡胶的磨损。转子在其吸入端通过联轴器等方式与连轴杆连接，在其排出端则是自由状态。在污水处理行业，螺杆泵所输出的主要介质有生污泥、消化污泥以及浮渣等，这些介质有较强的腐蚀性及砂粒，因而螺杆泵的转子都采用高强度合金钢表面硬化处理并镀铬而成。

（2）定子

定子的外壳一般用钢管制成，两端有法兰与连杆箱及排出管相连接，钢管内是一个具有双头螺线的弹性衬套，用橡胶或者合成橡胶等材料制成。

（3）连轴杆

由于转子在做行星转动时有较大的摆动，与之连接的连轴杆也必须随之摆动。目前常用的有 2 种连轴杆。

① 使用特殊的高弹性材料制成的挠性连轴杆。其两端与减速机输出轴和转子之间用法兰做刚性连接，靠连轴杆本身的挠曲性去驱动转子转动并随转子摆动。为了防止介质中的砂粒对挠性轴的磨损和介质对轴的腐蚀，在轴的外部包裹有橡胶及塑料护管。

② 在连轴杆的两端，在与转子的连接处和与减速机输出轴的连接处各安装一个万向连轴节，这样就可以在驱动转子转动的同时适应转子的摆动。为了

保护连轴节不受泥沙的磨损，每一个连轴节上都有专用的橡胶护套。国内几个厂家目前均使用这种连接方式。

有些螺杆泵为了输送一些自吸性差的物质（如浮渣）时，在吸入腔内的连轴杆上还设置了螺旋输送装置。

(4) 减速机与轴承架

一般在污水处理厂用做输送污泥与浮渣的螺杆泵，其转子的转速在150～400r/min，因此必须设置减速装置。减速机采用一级至两级齿轮减速，一些需要调节转速的螺杆泵还在减速机上安装了变速装置。减速机使用重载齿轮油来润滑。为了防止连轴杆的摆动对减速机的影响，在减速机与连轴杆之间还设置了一个轴承座，用于承受摆动所造成的交变径向力。

(5) 螺杆泵的密封

螺杆泵的吸入室与轴承座之间的密封是关键的密封部位，一般有3种密封方式。

① 填料密封。这是使用较为广泛的密封方式，由填料盒、填料及压盖等构成，它利用介质中的水作为密封、润滑及冷却液体。

② 带轴封液的填料密封。在塑料圈填料中加进一个带有很多水孔的填料环，用清水或缓冲液提供密封压力、润滑和防止介质中的有害物质及空气对填料及轴径的侵害。这种方式操作较为复杂，但能大大提高填料的寿命。

③ 机械密封。机械密封的形式很多，如单端面及双端面的，其密封效果较好，无滴漏或有很少滴漏，但有时要加接循环冷却水系统。

2. 螺杆泵的常见故障及排除

螺杆泵常见故障及排除方法见表7-4。

表7-4　螺杆泵常见的故障及排除方法

故障现象	原因分析	排除方法
泵不吸液	(1) 吸入管路堵塞或漏气; (2) 吸入高度超过允许吸入真空高度; (3) 电动机反转; (4) 介质黏度过大	(1) 检修吸入管路; (2) 降低吸入高度; (3) 改变电机转向; (4) 将介质加温
压力表指针波动大	(1) 吸入管路漏气; (2) 安全阀没有调好或工作压力过大,使安全阀时开时闭	(1) 检修吸入管路; (2) 调整安全阀或降低工作压力

续表

故障现象	原因分析	排除方法
流量下降	(1) 吸入管路堵塞或漏气; (2) 螺杆与泵套磨损; (3) 安全阀弹簧太松或阀瓣与阀座接触不严; (4) 电动机转速不够	(1) 检修吸入管路; (2) 磨损严重时应更换零件; (3) 调整弹簧,研磨阀瓣与阀座; (4) 修理或更换电动机
轴功率急剧增大	(1) 排出管路堵塞; (2) 螺杆与泵套严重摩擦; (3) 介质黏度太大	(1) 停泵清洗管路; (2) 检修或更换有关零件; (3) 将介质升温
泵振动大	(1) 泵与电动机不同心; (2) 螺杆与泵套不同心或间隙大; (3) 泵内有气; (4) 安装高度过大泵内产生气蚀	(1) 调整同心度; (2) 检修调整; (3) 检修吸入管路,排除漏气部位; (4) 降低安装高度或降低转速
泵发热	(1) 泵内严重摩擦; (2) 机械密封回油孔堵塞; (3) 液温过高	(1) 检查调整螺杆和泵套; (2) 疏通回油孔; (3) 适当降低液温
机械密封大量漏油	(1) 装配位置不对; (2) 密封压盖未压平; (3) 动环或静环密封面碰伤; (4) 动环或静环密封圈损坏	(1) 重新按要求安装; (2) 调整密封压盖; (3) 研磨密封面或更换新件; (4) 更换密封圈

四、泵站辅助设备

（一）水泵引水设备

水泵的引水方式有自灌式和非自灌式两种。装有大型水泵，自动化程度高，供水安全要求高的泵站，宜采用自灌式工作。自灌式工作的水泵外壳顶点应低于吸水池内的最低水位。非自灌式工作的水泵在启动前必须引水，引水时间一般不得超过 5min。引水方法可分为两大类，一类是吸水管带有底阀；另一类是吸水管不带底阀。

1. 吸水管带有底阀

(1) 人工引水　将水从泵顶的引水孔灌入泵内，同时打开排气阀。此法只适用于临时性供水且为小泵的场合。

(2) 从压水管引水　当压水管内经常有水，且水压不大而无止回阀时，直接打开压水管上的闸阀，将水倒灌入泵内。如压水管中的水压较大且在泵后装有止回阀时，需在送水闸阀后装设一旁通管引水入泵壳内，如图 7-5 所示。

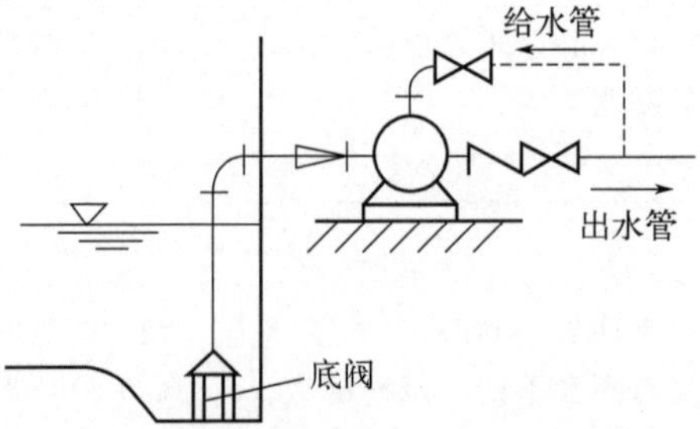

图 7-5　离心泵从压水管引水

旁通管上设有闸阀，引水时开启闸阀，待水充满泵后，关闭闸阀。此法设备简单，一般中小型水泵（吸水管直径在 300mm 以内时）多采用。

2. 吸水管不带底阀

(1) 真空泵引水　用真空泵将泵体及压水管中的空气抽空，图 7-6 为真空泵引水管路系统。

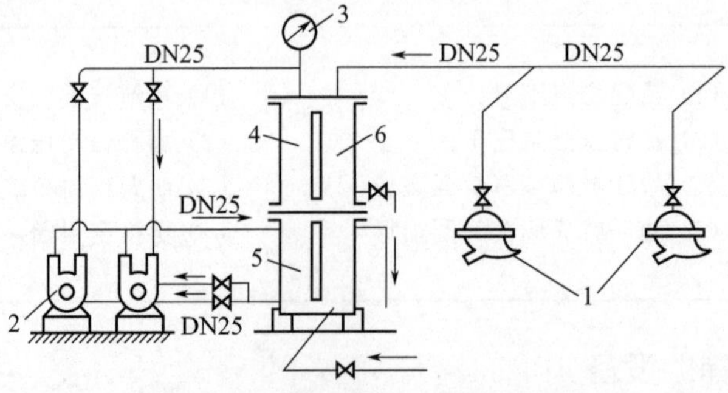

图 7-6　真空泵引水管路系统

1—离心泵；2—水环式真空泵；3—真空表；4—气水分离器；5—循环水箱；6—玻璃水位计

此法在泵站中采用较为普遍，其优点是水泵启动快，运行可靠，易于实现自动化。目前使用最多的是水环式真空泵，常用的有 SZB 型悬臂水环式真空泵、电机与真空泵为直联式的 SZZ 型真空泵。

真空泵是根据水泵及进水管路所需要的抽气量和最大真空值选择的。抽气量与造成真空所要求的时间和进水管路及水泵内空气的体积有关。抽气量公式为:

$$Q_V=\frac{K(V_P+V_S)}{T} \tag{7-4}$$

式中 Q_V——真空泵的抽气量，m^3/min;

V_P——泵站中最大一台水泵泵壳内空气容积，m^3，相当于水泵吸入口面积乘以吸入口到出水闸阀间的距离;

V_S——从吸水井最低水位算起的吸水管中空气容积，m^3，根据吸水管直径和长度计算，一般可查表 7-5 求得;

T——水泵引水时间，min，一般应小于 5min;

K——漏气系数，一般取 1.05～1.10。

表 7-5 水管直径与空气容积的关系

D/mm	200	250	300	350	400	500	600	700	800
V_S /m^3	0.031	0.071	0.092	0.096	0.120	0.196	0.282	0.385	0.503

最大真空值 H_v 可由吸水池最低水位至泵最高点的垂直距离计算。如果吸水池最低水位至泵最高点的垂直距离为 4m，则 $H_v=4000/13.6=294mmHg$。

在抽气过程中，泵内真空值逐渐增大，而抽气量是随着真空值增大而减少，所以按最大真空值选泵，所选泵是偏大的也是偏安全的，实际运行中可缩短抽气时间。

水环式真空泵在运行时，应有少量的水流不断地循环，以保持一定容积的水环及时带走由于叶轮旋转而产生的热量，避免真空泵因温度过高而损坏，因此在管路上装设了循环水箱。但是，真空泵运行时，吸入的水量不宜过多，否则将影响其容积效率，减少抽气量。

(2) 水射器引水 水射器引水如图 7-7 所示。

水射器引水是利用压力水通过水射器喷嘴处产生高速水流，使喉管进口处形成真空的原理，将泵内的气体抽走。

为使水射器工作，必须供给压力水作为动力。水射器应连接于水泵的最高点处，在开动水射器前，要把水泵压水管上的闸阀关闭，水射器开始带出被吸

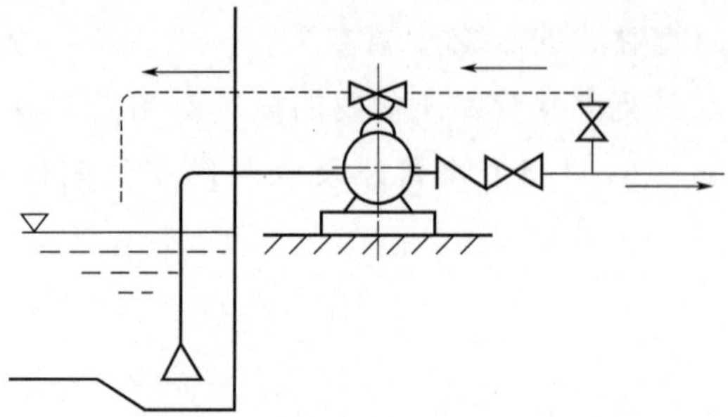

图 7-7　水射器引水

的水时就可启动水泵。水射器具有结构简单、占地少、安装容易、工作可靠、维护方便等优点，是一种常用的引水设备。缺点是效率低、需供给大量的高压水。

采用真空泵或水射器抽气引水装置时，抽气管必须接于水泵的最高点，并安装水标。在开动抽气装置前，要把水泵出水水路上的阀门关闭，待泵内空气抽尽，水标中显示有水吸上时，即可启动水泵。

（二）排水设备

泵房内由于水泵填料的滴水，阀门和管道接口的漏水，拆修管道设备时泄放的存水，清洗地面排水，以及各种地沟的渗透水等，必须设置排水设备及时排水，以保持泵房的环境整洁和设备的安全运行，尤其是电缆沟中不允许积水。

排除积水的方法取决于泵房的具体条件，基本上可归纳为如下两类。

1. 自流式排水

地面式泵房都可采用此法。由于泵房室内地坪高于室外地面，有条件利用自流式排水系统排除泵房的积水。

当泵房中设置管槽时，可利用串联管槽的办法构成自流式排水系统，但要复核下水道的水位标高。如果有倒灌的可能，就应考虑采用提升式排水的办法。

2. 提升式排水

无法实行自流排水的泵房，例如埋置较深的半地下式泵房，或水管槽底低于下水的水位，都要借助提升设备来排除泵房的积水。常用的提升设备有水射器、手摇泵和水泵三种（选择水泵排水时可考虑小型排污泵或小型潜污泵）。无论采用何种设备，都应在泵房建立集水系统，使提升设备从集水坑中排泄。

水射器和手摇泵一般都用在排水量不大的小型泵房内，对于大中型泵房基本上都配专用排水泵。排水泵可采用液位控制自动启闭。

（三）通风与采暖设备

1. 通风

由于电机等设备在运行中会散发大量的热量，以及太阳的辐射热等，使得泵房内温度升高，从而使电机绝缘老化，效率降低，同时对工作人员的身体健康也会产生不利影响，因而泵房需通风、换气。

泵房内常用的通风方式有自然通风和机械通风两种。

(1) 自然通风　泵房内一般采用自然通风。地面式泵房为了改善自然通风条件，往往设有高低窗，并且保证足够的开窗面积，开窗面积一般按1/4～1/7的地板面积选用。当泵房为地下式或电动机功率较大，自然通风不够时，特别是南方地区夏季气温较高，为使室内温度不超过35℃，以保证操作人员有良好的工作环境，并改善电动机的工作条件，宜采用机械通风。

(2) 机械通风　机械通风分抽风式与排风式。前者是将风机放在泵房上层窗户顶上，通过接到电动机排风口的风道将热风抽出室外，冷空气自然补充。后者是在泵房内电动机附近安装风机，将电动机散发的热气通过风道排出室外，冷空气也是自然补进。

对于埋入地下很深的泵房，当机组容量大、散热较多时，只采取排出热空气、自然补充冷空气的方法，其运行效果不够理想时，可采用进出两套机械通风系统。

2. 采暖

在寒冷地区，泵房应考虑采暖设备。泵房采暖温度是：对于自动化泵站，机器间为5℃；对于非自动化泵站，机器间为16℃。在计算大型泵房采暖时，应考虑电动机所散发的热量，但也应考虑冬季天冷停机时可能出现的低温。辅助房间室内温度在18℃以上。对于小型泵站可用火炉取暖，我国南方地区多用此法，大中型泵站亦可考虑采取集中采暖方法。

（四）通信设施

泵站应设有通信设施，一般在值班室内安装电话机，供生产调度和通信联络之用。电话间应具有隔声效果，以免噪声干扰。

（五）防火与安全设施

泵房中防火主要是防止用电起火以及雷击起火，以保护人身及设备安全。

起火原因是用电设备过负荷超载运行、导线接头接触不良、电阻过大发热使导线的绝缘物或沉积在电气设备上的粉尘自燃、短路的电弧使充油设备爆炸等。在江河边的取水泵房常常设置在雷击较多的地区，泵房上如果没有可靠的防雷保护设施，便有可能发生雷击起火。泵站中防雷保护设施常用的是变电所设避雷器，变电所及泵房设避雷针，35kV 及以上输电线路设避雷线。泵站安全设施中除了防雷保护外，还有接地保护和灭火器材的使用。

泵站中常用的灭火器材有四氯化碳灭火器、二氧化碳灭火器和干粉灭火器等。

第二节　风机

鼓风机供气系统是由鼓风机、输气管道和曝气器等部件组成。鼓风机有两类：一类是罗茨鼓风机；另一类是离心鼓风机。

一、风机的种类与性能

在污水处理厂中，风机主要用于污水处理构筑物的通风、污水处理阶段的预曝气、好氧生化处理鼓风曝气、混合搅拌等。空压机主要用于压力溶气气浮、过滤反冲等。

国内目前在城市及工业废水处理中常用的风机主要有两种：一种为罗茨鼓风机；另一种为离心鼓风机。

离心鼓风机分为单级高速鼓风机和多级低速鼓风机。

罗茨鼓风机是靠在气缸内做旋转运动的活塞作用，使气体体积缩小而提高压力，而离心鼓风机是靠高速旋转叶轮的作用，提高气体的压力和速度，随后在固定元件中使一部分速度能进一步转化为气体的压力能。

1. 罗茨鼓风机

罗茨鼓风机按照风机的作用原理和结构分类属于容积式回转式气体压缩机，结构如图 7-8 所示。

在长圆形的机壳内，平行安装着一对形状相同、相互啮合的转子。两转子间及转子与机壳间均留有一定的间隙，以避免安装误差及热变形引起各部件接触。两转子由传动比为 1 的一对齿轮带动，做同步反向旋转。转子按图示方向旋转时，气体逐渐被吸入并封闭在空间 V_0 内，进而被排到高压侧。主轴每回转一周，两叶鼓风机共排出气体量 $4V_0$，三叶鼓风机共排出气体量 $6V_0$。转子连续旋转，被输送的气体便按图 7-8 中箭头所示方向流动。

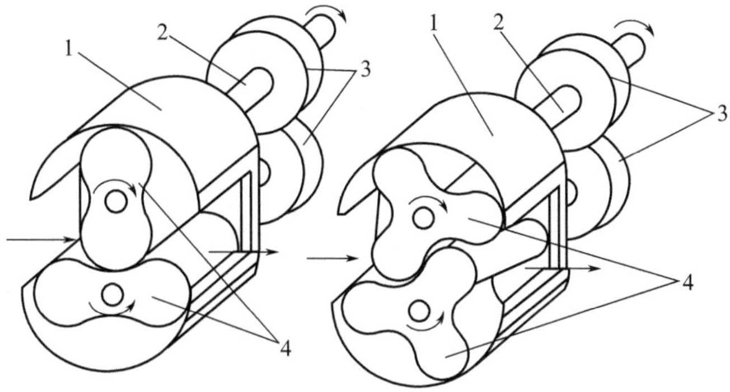

(a) 两叶罗茨鼓风机　　(b) 三叶罗茨鼓风机

图 7-8　罗茨鼓风机结构

1—机壳；2—主轴；3—同步齿轮；4—转子

罗茨鼓风机结构简单，运行平稳、可靠，机械效率高，便于维护和保养；对被输送气体中所含的粉尘、液滴和纤维不敏感；转子工作表面不需润滑，气体不与油接触，所输送气体纯净。罗茨鼓风机效率高于相同规格的离心鼓风机的效率，但罗茨鼓风机的排气量最大可达到 $1000m^3/min$，所以在相对压力增大时，效率不高。根据罗茨鼓风机工作原理及特点，在污水处理中比较适合于好氧消化池曝气、滤池反冲洗，以及渠道、均和池等处的搅拌。

2. 离心鼓风机

离心鼓风机按照风机的作用原理分类属于透平式鼓风机，通过叶轮的高速度旋转，使气体在离心力的作用下被压缩，然后减速，改变流向，使动能（速度）转换成势能（压力）。在单级离心鼓风机（图 7-9）中，原动机通过轴驱动叶轮高速旋转，气流由进口轴向进入高速旋转的叶轮后变成径向流动被加速，然后进入扩压器，改变流动方向而减速。减速作用将高速旋转的气流中具有的动能转化为势能，使风机出口保持稳定压力。压力增高主要发生在叶轮中，其次发生在扩压过程中。在多级鼓风机中，用回流器使气流进入下一个叶轮，产生更高的压力。

从理论上讲，离心鼓风机的压力-流量特性曲线应该是一条直线，它实质上是一种变流量恒压装置，但由于风机内部存在摩擦阻力等损失，实际的压力与流量特性曲线随流量的增大而平缓下降，对应的离心鼓风机的功率-流量特性曲线随流量的增大而上升。当风机以恒速运行时，风机的工况点将沿压力-流量特性曲线移动。风机运行时的工况点不仅取决于本身的性能，而且取决于系统的特性，当管网阻力增大时，管路性能曲线将变陡。离心鼓风机中所产生的压力还受进气温度或密度变化的影响。对一个给定的进气

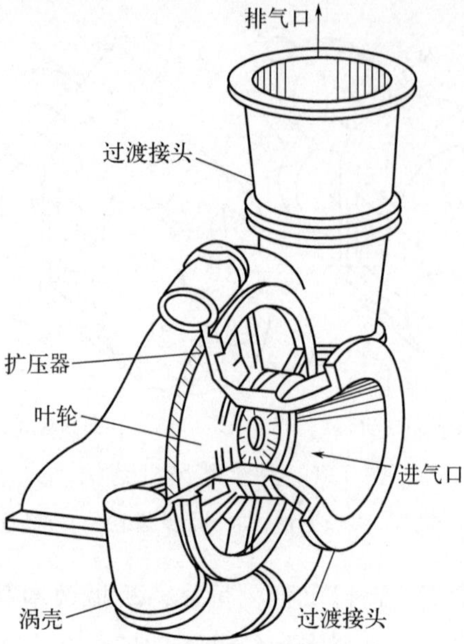

图 7-9　离心鼓风机结构

量，最高进气温度（空气密度最低）时产生的压力最低。当鼓风机以恒速运行时，对于一个给定的流量，所需的功率随进气温度的降低而升高。

单级高速离心鼓风机以提高转速来达到所需风压，较多级风机流道短，减少了多级间的流道损失，特别是可采用节能效果好的进风导叶片调节风量方式，适宜在大中型污水处理厂中采用。离心鼓风机与罗茨鼓风机相比还具有供气连续、运行平衡、效率高、结构简单、噪声低、外形尺寸及重量小、易损件少等优点。

二、鼓风机常见故障及原因

鼓风机常见故障及原因见表 7-6。

表 7-6　鼓风机常见故障及原因

故障现象	可能产生的原因
开车时无气流、无压力	(1) 电机或电源故障; (2) 旋转方向错了; (3) 联轴器或轴断裂; (4) 抱轴、万向节等处被大量缠绕物塞死,无法转动

续表

故障现象	可能产生的原因
排气量低	(1) 放空阀全开或半开; (2) 进口导叶完全关闭; (3) 进口导叶系统局部卡住; (4) 进气过滤器堵塞; (5) 管路系统泄漏或阀门开关泄漏
运行时有杂声，振动大	(1) 机组找正精度被破坏; (2) 联轴器对中不好或损坏; (3) 变速箱齿轮或轴承损坏; (4) 鼓风机轴承损坏; (5) 轴承间隙过大; (6) 轴承压盖过盈太小; (7) 主轴弯曲; (8) 转子/叶轮平衡不好; (9) 密封损坏
轴承温度高	(1) 油号不对; (2) 润滑油未充分冷却; (3) 供油不足; (4) 油压太低; (5) 油泵转向错; (6) 油变质或油中有水分; (7) 轴承损坏; (8) 轴承间隙过小
油压太低	(1) 油泵故障; (2) 滤油器堵塞; (3) 油压表失灵; (4) 安全阀损坏; (5) 管路漏油; (6) 油位太低; (7) 油温太高

续表

故障现象	可能产生的原因
油温太高	(1) 冷却水量太小; (2) 冷却水温度太高; (3) 环境温度高; (4) 油号不对; (5) 轴承或齿轮损坏
喘振	(1) 鼓风机转速太低; (2) 进气通道阻塞; (3) 进气压力损失太高; (4) 进气温度太高; (5) 进口导叶松动、失灵或太紧; (6) 叶轮损坏; (7) 排气总管压力太高; (8) 放空阀损坏,造成开车/停车喘振
功率消耗太高	(1) 进口导叶滞住、排气压力降低; (2) 变速箱或鼓风机有机械故障(如轴承、齿轮或轴损坏); (3) 进口导叶失灵

三、离心鼓风机的维护

离心鼓风机实质是一种变流量恒压装置。当转速一定时，离心鼓风机的压力-流量特性曲线是一条直线，由于内部损失，实际特性曲线是弯曲的。离心鼓风机产生的压力受到进气温度或密度变化的影响。对一个给定的进气量，最高进气温度（空气密度低）时产生的压力最低。对于一条给定的压力-流量特性曲线，就有一条功率-流量特性曲线。当鼓风机以恒速运行时，对于一个给定的流量所需的功率随进气温度的降低而升高。

1. 鼓风机的拆卸

① 拆卸联轴器的隔套，卸下进气和排气侧连接管，把进（出）口导叶驱动装置与进（出）口导叶杆脱离，拆下螺栓卸下进气机壳，操作时须避免损坏叶

轮叶片和进气机壳流道表面，卸下叶轮，注意不要损坏密封结构部分。

② 拆下密封，拆卸齿轮箱箱盖，注意不要损坏轴承表面和密封结构部分，拆卸轴端盖。

③ 测量轴承和齿轮间隙之后，拆卸高速轴轴承、低速轴轴承和大齿轮轴，并且要用油清洗每个拆下的部件。

2. 鼓风机的检查

① 齿轮齿的检查。检查齿轮箱内大小齿轮齿的任何损坏情况。

② 测量增速齿轮的齿隙。

③ 清除叶轮灰尘。清理叶轮，在这种情况下，应彻底清除灰尘，以防止其不平衡，并且不要使用钢丝刷或类似物，以避免造成叶轮表面的损坏。

④ 叶轮的液体渗透试验。看叶轮上是否有裂纹使用液体渗透试验，尤其要注意叶片根部。

⑤ 除去外部扩压器的灰尘。彻底清除黏结到扩压器上的灰尘，因为它可以使流量降低。

⑥ 叶轮周边与进气机壳的间隙检查。组装鼓风机后，用塞尺测量叶轮周边与鼓风机进气机壳之间的间隙。

⑦ 检查轴承的每个孔。拆卸之后，用油进行清洗，并查看轴承内侧的每个孔中有无阻塞物。

⑧ 轴承间隙和磨损情况。在检查轴承过程中，一定不要损坏轴承表面，也不要对轴承做任何改变或调整，因为它是适合于高速旋转的专用型式。

⑨ 对油封、密封和止推面的间隙测量。用塞尺测量油封、密封和止推面的间隙，在安装齿轮箱盖之前进行。

⑩ 用油清洗喷嘴之后，检查喷嘴内有无任何阻塞物。

3. 轴承的检查

小齿轮和大齿轮轴支撑轴承应符合间隙标准，而止推轴承应符合间隙和修磨标准。

轴承的间隙测量应在鼓风机拆卸和重新组装时进行。

4. 鼓风机的组装

对每个部件进行全面清洗和检查之后，应重新组装鼓风机。鼓风机的重新组装顺序按照拆卸的逆顺序进行，但应注意如下几点。

① 当泵体装入时，一定要重新装配所有的内件。

② 当安装油封时，一定要注意齿轮箱的顶部和底部不要颠倒。

③ 当轴承装入时，应固定每个螺钉和柱销。

④ 在安装轴承箱的上半部过程中，使用起顶螺栓将其装入下半部，不要毁坏油封、止推轴承等部件。

⑤ 当安装齿轮箱盖时，打入定位锥销。

⑥ 当装入叶轮螺母和叶轮键时，调至叶轮表面上的标志。

⑦ 为防止双头螺栓（用于齿轮箱和蜗壳安装）在拆卸时松动，应把防松油漆涂在螺栓上。

⑧ 在组装时应使用液体密封胶来涂每个安装表面，齿轮箱盖与体的结合部，蜗壳和进气机壳的结合部，泵壳和齿轮箱的结合部，轴端盖和齿轮箱的结合部，油封和气封密封安装部分。

5. 大修后的检查

① 检查鼓风机是否有气体泄漏情况　鼓风机大修之后，检查鼓风机结合部分和进气/排气联结部分是否漏气。启动鼓风机，用肥皂水做漏泄检查，检查点：蜗壳与进气机壳之间的结合部分、进气机壳进口联结部分及蜗壳出口联结部分。

② 检查齿轮箱的油漏泄情况　在鼓风机大修之后如果有漏油情况，检查齿轮箱结合部分，检查点有：齿轮箱盖、体之间的结合部，尤其是要注意密封部分，再有就是泵壳与齿轮箱之间的结合部分。

6. 机组运行中的维护

① 要定期检查润滑油的质量，在安装后第一次运行 200h 后进行换油，被更换的油如果未变质，经过滤机过滤后仍可重新使用，以后每隔 30d 检查一次，并做一次油样分析，发现变质应立即换油，油号必须符合规定，严禁使用其他牌号的油。

② 应经常检查油箱中的油位，不得低于最低油位线，并要经常检查油压是否保持正常值。

③ 应经常检查轴承出口处的油温，应不超过 60℃，并根据情况调节油冷却器的冷却水量，使进入轴承前的油温保持在 30～40℃之间。

④ 应定期清洗滤油器。

⑤ 经常检查空气过滤器的阻力变化，定期进行清洗和维护，使其保持正常工作。

⑥ 经常注意并定期测听机组运行的声音和轴承的振动。如发现异声或振动加剧，应立即采取措施，必要时应停车检查，找出原因，排除故障。

⑦ 严禁机组在喘振区运行。

⑧ 应按照电机说明书的要求，及时对电机进行检查和维护。

第三节　专用设备

一、格栅清污机

（一）清污机的种类

格栅清污机是污水处理专用的物理处理机械设备，主要是去除污水中悬浮物或漂浮物，应用于污水处理中的预处理工序，一般置于污水处理厂的进水渠道上。经过格栅清污机的处理后，会大量减少水中各种垃圾及漂浮物，保护水泵等其他设备，从而使后续的水处理工序得以正常地顺利进行，所以格栅清污机是污水处理中的关键设备。

由于格栅清污机的工作目的就是用机械的方法将拦截到格栅上的垃圾捞出水面，所以目前国内生产的格栅清污机形式多样，种类繁多。各污水处理厂可以根据自己厂里的土建设施情况、进水的水质水量等情况来选择不同形式的格栅清污机。格栅清污机按格栅的有效间距可以分为粗格栅清污机和细格栅清污机，按格栅的安装角度分可以分为倾斜式格栅清污机和垂直式格栅清污机，按运动部件分可以分为高链式格栅清污机、回转式格栅清污机、耙齿回转式格栅清污机、针齿条式格栅清污机、钢绳式格栅清污机等。

（二）清污机的结构及工作原理

1. 回转式格栅清污机

回转式格栅清污机一般是由驱动装置、撇渣机构、除污耙齿、链条、格栅条及机架等几部分组成（图 7-10）。

在格栅的两侧有两条环形链条，在链条上每隔一段间距安装一齿耙，链条在驱动装置的带动下转动，齿耙按次序将拦截的垃圾刮到最上端的卸料处，再将垃圾刮到输送机上。该机型结构紧凑、运行平稳、体积小、维护方便，而且可实行点动间断运行，自动连续运行，对工作时间和停车时间等运行周期可自动调整，具有紧急停车和电机过载保护装置，容易实现自动化控制，还可以通过调整格栅条间距来实现对水中不同悬浮物或漂浮物的拦截。

2. 阶梯式格栅清污机

阶梯式格栅清污机彻底改变了传统格栅清污机的清污方式，可解决传统格栅存在的污物卡阻、缠绕的难题，是一种新型高效的前级污水处理筛分设备。

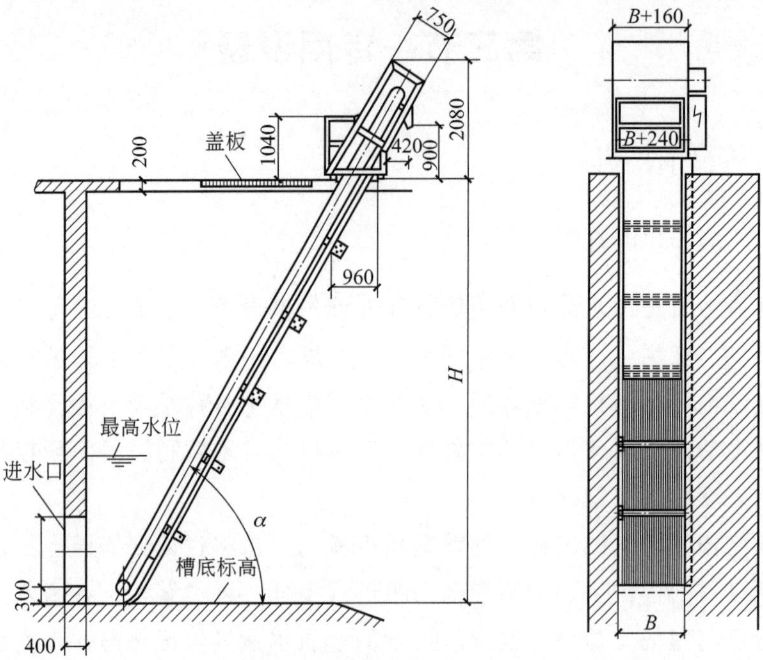

图 7-10　回转式格栅清污机

阶梯式格栅清污机主要由电机减速机、动栅片、静栅片及独特的偏心旋转机构等部件组成（图 7-11）。

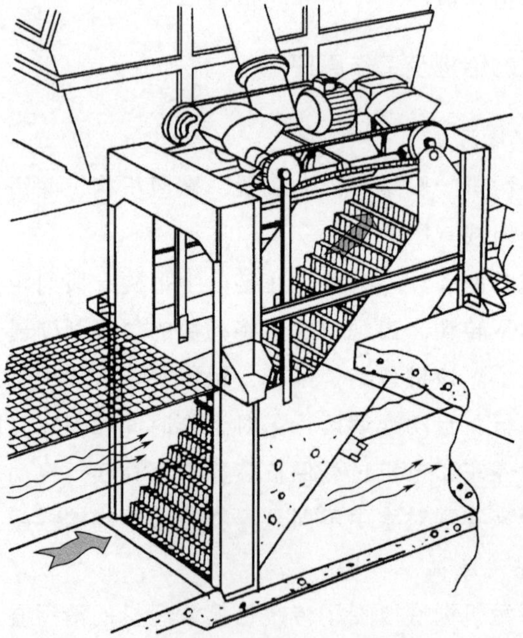

图 7-11　JTGS 型阶梯式格栅清污机

偏心旋转机构在电机减速机的驱动下，使动栅片相对于静栅片做自动交替运动，从而将被拦截的固体悬浮物由动栅片逐级从水中移到卸料口。由于采用独特的阶梯式清污方式，可彻底避免杂物卡阻、缠绕的烦恼，运行安全可靠，清除效果好。驱动装置设于机架上部，水下无传动机构，高性能，低压力损失，不受脂肪、碎屑和砂砾的影响。可利用可编程控制器，液位差控制仪实现全自动控制。设置有机械和电气两套过载保护系统，当设备遇到意外事故时可产生声光报警，并使设备紧急停机。

3. 耙齿回转式格栅清污机

该格栅清污机由驱动装置、机架、耙齿链、清洗刷、链轮及电控机构组成。耙齿系统是由无数带钩的链节构成的机构，耙齿链节一般用高强度塑料或不锈钢制成，清污能力较强。耙齿链覆盖了整个迎水面，在链轮的驱动下进行回转运动，耙齿链的下部浸没在过水槽中。运动在链节上的耙齿在迎水面将水中的杂物分离开，钩出水面，携带杂物的耙齿运转到格栅清污机的上部时，由于链轮及弯轨的导向作用，使每组耙齿之间产生相对运动，钩尖也转为向下，大部分固体栅渣靠自重落在皮带输送机上。另一部分黏在耙齿上的杂物则依靠清洗机构的橡胶刷反向运动洗刷干净（图 7-12）。

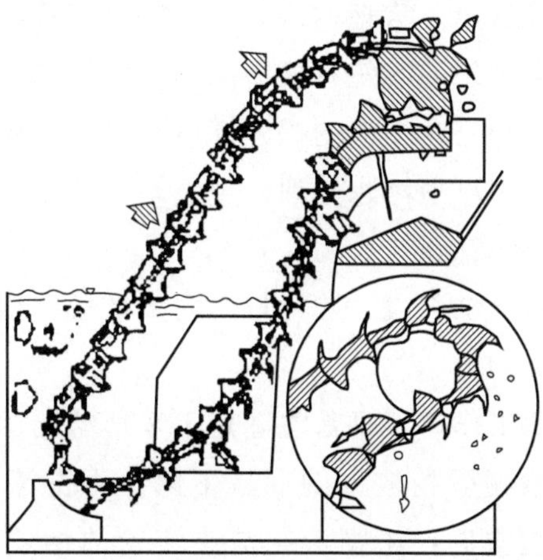

图 7-12　耙齿回转式格栅清污机

该种格栅清污机由于链轴减小了有效通水面积，回程耙齿链也要产生一定的水阻，因此整体格栅的水阻相对要大一些，这需要增加开机时间，以尽快将拦截的垃圾清除。

4. 弧形格栅清污机

该种格栅清污机由格栅、齿耙臂、机架、驱动装置、除污装置等组成（图 7-13）。

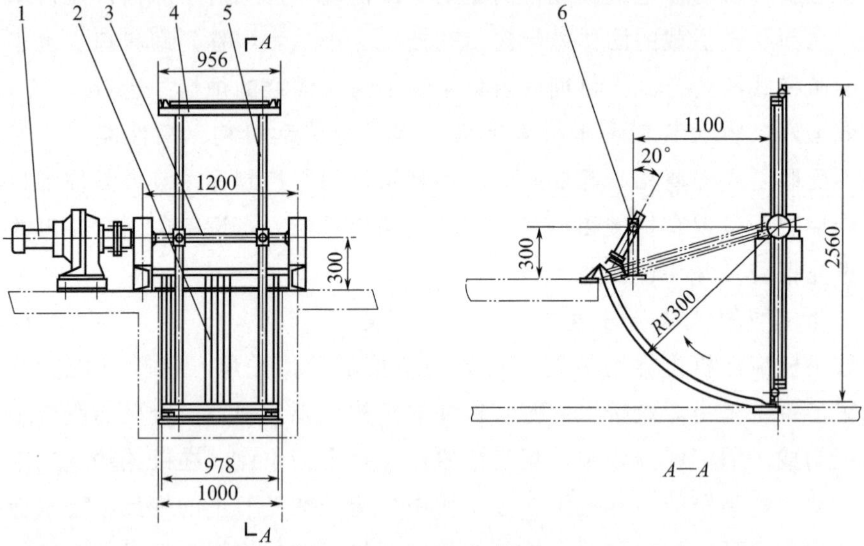

图 7-13　HGS 型弧形格栅清污机

1—驱动装置；2—栅条组；3—传动轴；4—齿耙臂；5—旋转耙臂；6—撇渣装置

该种格栅清污机的齿耙臂的转动轴是固定的，齿耙绕定轴转动，条形格栅也依齿耙运动的轨迹成弧形，齿耙的每一个旋转周期清除一次栅渣，每旋转到格栅的顶端便触动一个小耙，小耙将栅渣刮到皮带输送机上。这种弧形格栅清污机结构简单紧凑，由于它对栅渣的提升高度有要求，所以不适于用在较深的格栅井中使用，适用于中小型污水处理厂或泵站中使用。

5. 高链式格栅清污机

该种格栅清污机由驱动装置、除污耙、同步链条、格栅条、皮带输送机、导轨等部分构成（图 7-14）。

该种格栅清污机的工作原理是首先固定于环形链上的主滚轮在滚轮导轨内向下运动，使齿耙与格栅保持较大的间隔下降，由主滚轮绕从动链轮外围转动，当来到上向链的位置时，根据滚轮与主滚轮的相关位置，齿耙进入格栅内，同时开始上升，随即耙捞格栅截留的栅渣；当主滚轮到达最上部的驱动链轮处，齿耙开始抬起。在该处设置小耙，齿耙上的栅渣被小耙刮掉，最终落到皮带输送机上。

由于该种格栅清污机的链条及链轮全部在水面以上工作，容易维修保养，有一般链式除渣机所不具备的优点，所以被广泛应用。高链式格栅清污机的主要故障是齿耙不能正确地进入栅条，造成这种故障的原因主要如下。

① 齿耙或齿耙臂的强度不够，运行时发生抖动，或者齿耙、齿耙臂本身

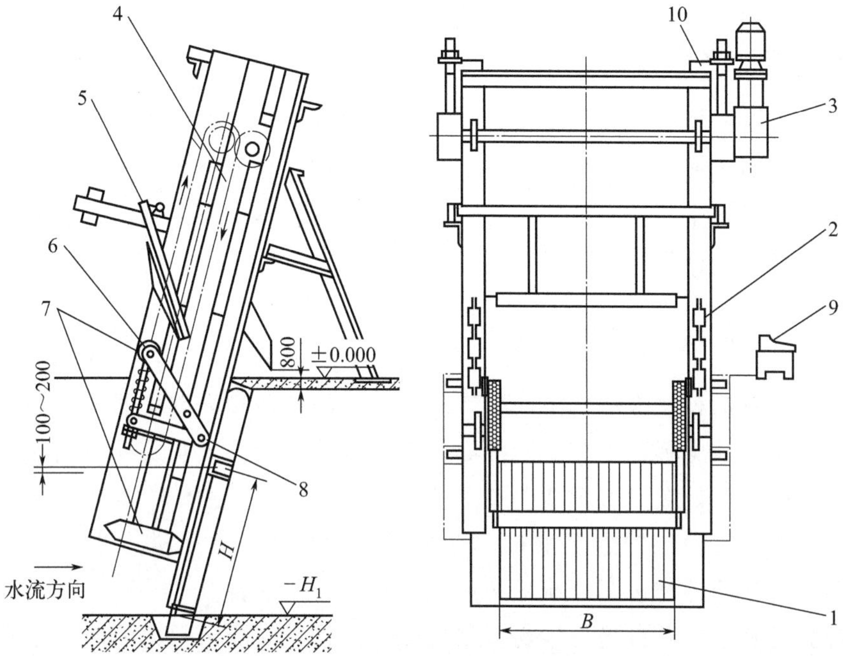

图 7-14　高链式格栅清污机

1—格栅；2—链条；3—传动装置；4—主框架；5—刮渣装置；6—结点一；7—除污耙；8—结点二；9—电控箱；10—丝杆

发生变形，导致不能正常进入栅条。

② 格栅下部有大量泥砂、杂物堆积，长期停机后未经清理就开机使用。

③ 链条经过一段时间运转后变松或错位造成齿耙歪斜，或因两个链条的张紧度不一致造成的齿耙歪斜。

（三）格栅清污机的维护和检修

① 格栅清污机在水中的链轮不易保养，且水中的链条易腐蚀，应每季度进行一次链条及链轮的检查，对存在故障隐患的链条、链轮和轴承及时更换。

② 传动链条及水上轴承应每月加注一次润滑脂。

③ 注意保持链条的适当张紧度，由于长时间的运转，链条会变松，应及时调整张紧度。

④ 驱动装置上的减速机的良好润滑是保证设备正常安全运行的必要条件，操作人员要经常观察减速机的运转情况，随时补充及更换润滑油，以保持减速机内的有效油位。

⑤ 运行人员应及时将缠绕的杂物清除。

二、除砂设备

除砂设备用于沉砂池，以去除污水中密度大于水的无机颗粒，是污水处理工艺中的一道重要工序，可以减少砂粒对后续污泥处理设备的磨损，减少砂粒在渠道、管道、生化反应池的沉积，对于延长污泥泵、污泥阀门及脱水机的使用寿命起着重要作用。

（一）除砂设备

除砂设备的种类很多，按集砂方式分为：刮砂型和吸砂型两种。刮砂型是将沉积在沉砂池底部的砂粒刮到池心，再清洗并提升，脱水后输送到池外盛砂容器内，待外运处置。吸砂型则是利用砂泵将池子底层的砂水混合物抽至池外，经脱水后的砂粒输送至盛砂容器内待外运处置。为了进一步提高除砂效果，有的沉砂池还增设了旋流器、旋流叶轮等专用设备。

钟式沉砂池刮砂机是一种新型引进技术，用于去除污水中的砂粒及黏在砂粒上的有机物质，可以去除直径 0.2mm 以上的绝大部分砂粒。该设备通过设在池中心的叶轮搅拌器旋转产生的离心力不仅使水中砂粒沿池壁及斜坡沉于池底的砂斗中，同时将砂粒上黏附的有机物撞击下来并沉于池底，再通过气提作用将砂提升到砂水分离器中进行砂水分离。该套设备具有节省能源、转速低、占地面积小、结构简单、便于维护保养等优点，在近几年新建的污水处理厂使用比较多。

（二）砂水分离设备

除砂机从池底抽出的混合物，其含水量高达 95%～97%以上，且混有大量的有机污泥。此类混合物运输、处理都相当困难，还必须将无机砂粒与水及有机污泥分离，这就是污水处理的砂水分离及洗砂工序。常用的砂水分离设备有水力旋流器、振动筛式砂水分离器及螺旋洗砂机。

1. 水力旋流器

水力旋流器又称旋流式砂水分离器，结构简单，上部是一个有顶盖的圆筒，下部是一个倒锥体。入流管在圆筒上部从切线方向进入圆筒，溢流管从顶盖中心引出，锥体的下尖部连有排砂管。为了减轻砂粒的磨损与腐蚀，水力旋流器的内部有一层耐腐耐油的橡胶衬里。

从水力旋流器排砂口流出的砂浆尽管已被大大浓缩，但含有 80%以上的水及少量有机污泥，仍无法装车运输，还需要经过螺旋洗砂机进一步处理。

2. 螺旋洗砂机

螺旋洗砂机又称螺旋式砂水分离器，作用有2个。

① 进一步完成砂水分离及有机污泥的分离。

② 将分离的干砂装上运输车。这一部分由砂斗、溢流管、溢流堰、散水板、空心式螺旋输送器及其驱动装置构成。

砂斗的作用是使混合砂浆暂时停留，使砂沉淀在斗底。溢流堰与溢流管作用是使上部的澄清液顺利排出。散水板是装在水力旋流器砂口下的一块弧形的钢板，使从水力旋流器出砂口流出的混合砂浆散开并沿斗壁流到斗底，有利于砂在斗底的沉积，避免水流直接冲击斗底。空心螺旋提升机可使沉淀在斗底的砂粒沿筒壁升到最高处的出砂口。运砂车辆可在出砂口下接砂。空心螺旋中心的通道可使砂浆中的水顺利地流回到砂斗。

3. 刮砂机的检修

(1) 检修周期　中修12个月，大修36～40个月。

(2) 检修内容

中修项目包括以下几点。

① 对减速机部分解体检查，清除机件和齿轮箱体内部油垢及杂物，更新润滑油。

② 检查针轮减速机的磨损及啮合情况，缺陷严重时应修理或更换。

③ 检查和调整滑动轴承间隙，更换密封件。

④ 检查主动车轮的滚动情况。

⑤ 检查水下各连接件的固定情况及腐蚀情况。

⑥ 检查转动齿轮及传动链条的啮合、润滑及磨损情况。

大修项目包括以下几点。

① 包括中修项目。

② 放水检查刮板固定情况、磨损情况及腐蚀情况，必要时予以更新。

三、排泥设备

(一) 排泥设备的类型

初沉池和二沉池都要安装排泥设备。初沉池一般安装刮泥机，二沉池一般安装刮吸泥机。常用的排泥设备见表7-7。常用排泥设备的适用范围及特点见表7-8。

表 7-7　排泥设备的分类

<table>
<tr><td rowspan="6">行车式</td><td rowspan="4">吸泥机</td><td rowspan="2">泵吸式</td><td>单管扫描式</td><td rowspan="6">中心传动式</td><td rowspan="5">垂架式</td><td rowspan="2">刮泥机</td><td>双刮臂式</td></tr>
<tr><td>多管并列式</td><td>四刮臂式</td></tr>
<tr><td colspan="2">虹吸式</td><td rowspan="3">吸泥机</td><td>水位差自吸式</td></tr>
<tr><td colspan="2">泵/虹吸式</td><td>虹吸式</td></tr>
<tr><td rowspan="2">刮泥机</td><td colspan="2">翻板式</td><td>空气提升式</td></tr>
<tr><td colspan="2">提板式</td><td colspan="3">悬挂式刮泥机</td></tr>
<tr><td rowspan="2">链板式</td><td colspan="3">单列链式</td><td rowspan="2">周边传动式</td><td colspan="3">刮泥机</td></tr>
<tr><td colspan="3">双列链式</td><td colspan="3">吸泥机</td></tr>
<tr><td rowspan="2">螺旋输送式</td><td colspan="7">水平式</td></tr>
<tr><td colspan="7">倾斜式</td></tr>
</table>

表 7-8　常用排泥设备的适用范围及特点

机种名称	适用范围	特点
行车式虹吸、泵吸吸泥机	给水平流沉淀池 排水二次沉淀池 斜管沉淀池 悬浮物的质量浓度应＜500mg/L 固体重度≤2.5mg/粒	(1) 优点：边行进边吸泥，效果好；可根据污泥量多少，调节排泥次数；往返工作，排泥效率高； (2) 缺点：除采用液下泵外，吸泥前须先引水，操作较麻烦；池内不均匀沉淀，吸泥浓度不一，吸出污泥的含水率高
行车式提板刮泥机	给水平流沉淀池 排水初次沉淀池	(1) 优点：排泥次数可由污泥量确定；传动部件均可脱离水面，检修方便；回程时，收起刮泥板，不扰动沉淀； (2) 缺点：电器原件如设在户外，易受损
链板刮泥(撇渣)机	沉砂池 排水初次沉淀池 排水二次沉淀池	(1) 优点：排泥效率高，刮板较多，使刮泥保持连续，刮泥撇渣两用，机构简单 (2) 缺点：池宽受到刮板的限制，链条易磨损，对材质要求较高

续表

<table>
<tr><th>机种名称</th><th>适用范围</th><th>特点</th></tr>
<tr><td>螺旋输送式刮泥机</td><td>沉砂池
沉淀池</td><td>(1) 优点:排泥彻底,污泥可直接输送出池外,输送过程中起到浓缩的效果;连续排泥
(2) 缺点:倾斜安装式,效率较低;螺旋槽精度要求较高;输送长度受到限制</td></tr>
<tr><td>悬挂式中心传动刮泥机</td><td rowspan="3">初沉池
二次沉淀池刮泥
二次沉淀池吸泥
污泥浓缩池</td><td rowspan="3">(1) 优点:结构简单;连续运行,管理方便;
(2) 缺点:刮泥速度受到刮板外缘的速度控制</td></tr>
<tr><td>垂架式中心传动刮泥机</td></tr>
<tr><td>周边传动吸泥、刮泥机</td></tr>
<tr><td>钢索牵引刮泥机</td><td>斜板斜管沉淀池
机械搅拌澄清池</td><td>(1) 优点:驱动装置简单,传动灵活;适用各种池形,适用范围广;
(2) 缺点:磨损腐蚀较快,维修工程量较大;钢索伸长,需经常张紧</td></tr>
</table>

1. 链条刮板式刮泥机

链条刮板式刮泥机是一种带刮板的双链输送机，一般安装在中小型污水处理厂的初次沉淀池，近年来大中型污水厂也逐渐使用这种机型。国内使用这种链条刮板式刮泥机较晚，多用于中小型污水厂。

链条刮板式刮泥机的主要结构包括以下几部分。

(1) 驱动装置　刮泥板的移动速度一般是不变的，故其驱动装置为一个三相异步电机和一部减速比较大的摆线行星针轮或减速器。

(2) 主动轴及主动链轮　主动轴具有将驱动链轮传来的动力传到主链轮的作用，是一根横贯沉淀池的长轴，用普通钢材制造，两端的轴承座固定于池壁上。

(3) 导向链轮及装紧装置　导向链轮的轴承座固定在混凝土构筑物上，导向链轮一般没有贯通全池的长轴。由于导向轮都在较深的水下运转，经常加油是非常困难的，因此一般都是采用水润滑的滑动轴承。

(4) 主链条　主链条可采用锻铸铁、不锈钢和高强度塑料链条。由于高强度塑料链条有良好的耐腐蚀性，自润滑性，自重较小，其连续运转寿命超过8年，间歇运转寿命达到15年，目前使用较多。

(5) 刮泥板及刮板导轨　多用塑料及不锈钢型材制造。刮板导轨用于保持刮板链条的正确刮泥、刮渣位置。池底的导轨用聚氯乙烯板固定于池底，上面的导轨用聚氯乙烯板固定于钢制的支架上。

(6) 机械安全装置　链条式刮泥机的机械安全装置，大多数采用剪切销，主链条的运动出现异常阻力时，设置在驱动链轮上的剪切销会被切断，使驱动装置与主动轴脱开，用以保证整个设备的安全。

(7) 管式浮渣撇除装置　由于链条刮板式刮泥机是利用在水面的回程刮板刮渣的，故其收集浮渣必须安装在出水堰前面。在出水堰前横一根DN250～300的金属管，上面切去1/4，管子可以由人工控制转动。平时管子的1/4缺口朝上，水无法流入管内。每隔一段时间，当刮板刮来一定数量的浮渣时，操作人员可向来浮渣的方向转动这根横管，使其缺口低于水面。聚积在横管前的浮渣便随水冲入管内，并通过与横管相联的另一根管道排出池外。

(8) 电气及控制装置　链条式刮泥机的电控装置很简单，包括一套开关及过载保护系统，以及可调节的定时开关系统。操作者可根据实际需要，控制每一天的间歇运行时间；间歇运行可有利于污泥的沉淀，并可延长刮泥机的使用寿命。

链条刮板式刮泥机的特点如下。

① 刮板移动的速度可调至很低，以防扰动沉下的污泥；常用速度为0.6～0.9m/min。

② 由于刮板的数量多，工作连续，每个刮板的实际负荷较小，故刮板的高度只有150～200mm，不会使池底污水形成紊流。

③ 由于利用回程的刮板刮浮渣，故浮渣槽必须设置在出水堰一端。

④ 整个设备大部分在水中运转，可以在池面加盖，防止臭气污染。

链条刮板式刮泥机的缺点如下。

① 水中运转部件较多，维护困难。

② 大修设备有时需要更换所有主链条，成本较高，约占整机成本的70%以上。

2. 桁车式刮泥机

桁车式刮泥机安装在矩形平流沉淀池上，运行方式为往复运动。因此，桁车式刮泥机的每一个运行周期内有一个是工作行程，有一个是不工作的返回行程（故又称往复式刮泥机或移动桥式刮泥机）。这种刮泥机的优点如下。

① 在工作行程中，浸没于水中的只有刮泥板及浮渣刮板，而在返回行程中全机都在水面之上，这给维修保养带来了很大的方便。

② 由于刮泥与刮渣都是正面推动，故污泥在池底停留时间少，刮泥机的工作效率高。

桁车式刮泥机的缺点是运动较为复杂，因此故障率也相对高一些。

桁车式刮泥机结构如图 7-15 所示。

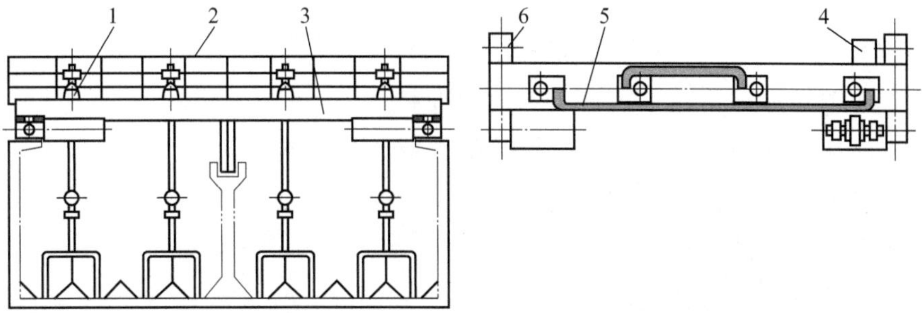

图 7-15　桁车式刮泥机结构

1—液下污水泵；2—栏杆；3—主梁；4—电缆鼓；5—吸排泥路；6—端梁

桁车式刮泥机的故障很多是由程序失控、失调引起的。造成停车、错误报警、刮泥板及浮渣刮板不能提升和下降或提升下降不能准确到位，有时会出现泥板与出水堰划池壁相撞的事故。电气控制系统及液压系统的损坏或失调是造成这些故障的主要原因。如程序开关损坏可能会发生错误的指令，时间继电器损坏可能造成定时不准、提前动作或者拒绝动作等。液压系统的主要控制部分是各个电磁阀，如果某电磁阀损坏，就不能正确地执行程序，造成某刮板不提升或不下降等故障。分布于设备各处的行程开关是控制桁车的行程及刮泥板、浮渣刮板的行程的，有机械式和无触点式两种。行程开关位置的变化或者损坏、进水，会造成各运动部件不能准确到位动作。液压装置长年暴露在室外，由于雨水及池中有害气体的侵蚀，很容易生锈，会使一些暴露在外的手柄等生锈，甚至无法工作。应经常将液压站各零件表面的污垢除去，使手柄恢复灵活，然后表面涂以干净的油脂。行走在钢轨上的刮泥机应时常检查钢轨的螺栓是否紧固，钢轨的轨距是否正确。冬季大雪时，应及时清除刮泥机行走道路上的冰雪，以防打滑。对用钢丝绳提升刮板的刮泥机，如发现钢丝绳断股、磨损、严重锈蚀，应及时更换。

桁车式刮泥机的大修应每 10000h（累计运行时间）进行一次。其主要内容如下。

① 更换磨损的轮胎、橡胶刮板、刮泥板及刮渣板的支承轮等。

② 拆洗所有减速机，更换损坏零件，更换油封；清洗液压系统，更换活塞环油封及O形圈。

③ 拆修卷扬机，更换钢丝绳。

④ 校正变形的刮泥板、刮渣板等。

⑤ 更换寿命过期的继电器、时间继电器、接触器等。

⑥ 调整电控系统的工作状态。

⑦ 清理全机表面的防腐涂料，重新防腐处理。

中修应每年进行一次，建议在秋季进行。主要内容如下。

① 减速机换油，对漏油严重的更换油封。

② 液压站换油，更换液压油滤清器，阀门除锈并修理、上油。

③ 更换所有漏油的油封、活塞环、O形圈。

④ 配电箱内部清理、调整。

⑤ 行程开关位置调整。

⑥ 卷扬机制动装置调整，必要时更换摩擦片等。

3. 回转式刮泥机

污水处理厂的沉淀池多为辐流式的，其形状多为圆形。在辐流池上使用的刮泥机的运转形式为回转运动。这种刮泥机结构简单，管理环节少，故障率极低，国内应用很多。回转式刮泥机分为全跨式与半跨式。半跨式的特点是结构简单、成本低，适用于直径30m以下的中小型沉淀池。

回转式刮泥机的驱动方式有中心驱动式和周边驱动式两种。

(1) 中心驱动式　中心驱动式刮泥机的桥架是固定的，桥架所起的作用是固定中心架位置与安置操作，作为维修人员行走通道。驱动装置安装在中心，电机通过减速机使悬架转动。悬架的转动速度非常慢，其减速比很大。为了保证刮泥板与池底的距离并增加悬架的支承力，刮泥板下都安装支承轮。

(2) 周边驱动式　与中心驱动式不同之处在于，周边驱动式的桥架绕中心轴转动，驱动装置安装在桥架的两端，刮板与桥架通过支架固定在一起，随桥架绕中心转动，完成刮泥任务。由于周边传动使刮泥机受力状况改善，因此回转直径最大可达60m。周边驱动式需要在池边的环形轨道上行驶。如果行走轮是钢轮，则需要设置环形钢轨；如果行走轮是胶轮，只需要一圈平整的水泥环形池边。

回转式刮泥机还可以分为半跨式与全跨式。

（1）半跨式（又称单边式） 是在半径上布置刮泥板，桥架的一端与中心立柱上的旋转支座相接，另一端安装驱动机构和滚轮，桥架做回转运动，每转一圈刮 1 次泥。其特点是结构简单，成本低，适用于直径 30m 以下的中小型沉淀池。

（2）全跨式（又称双边式） 具有横跨直径的工作桥，旋转式桁架为对称的双臂式桁架，刮泥板也是对称布置的。对于一些直径 30m 以上的沉淀池，刮泥机运转一周需 30～100min，采用全跨式可每转一周刮 2 次泥，可减少污泥在池底的停留时间，有些刮泥机在中心附近与主刮泥板的 90°方向上再增加几个副刮泥板，在污泥较厚的部位每回转一周刮 4 次泥。

回转式刮泥机日常维护应该注意以下几点。

① 不要忽略对中心轴承的加油及保护，这个大轴承一旦因缺油而产生损坏，其维修及更换将十分困难。

② 在加润滑油时应注意行走轮类型，如果行走轮是胶轮，加油时一定不要将油洒在胶轮上，因为机油对胶轮的腐蚀作用是非常大的。这一点也适用于其他胶轮行走式机械。如果行走轮是钢轮，则应注意环形钢轨的稳定性要比直轨差，经常由于弹性恢复、热胀冷缩、震动等原因脱离固有位置，就会与钢轮发生干涉，这就是“啃轨”现象。

③ 对于周边驱动的刮泥机，集电环的保护是十分重要的。集电环全部安装在桥架的转动中心，有集电环箱来保护。箱内要保持干燥，保持电刷的良好接触，如电刷磨损，或者弹簧失灵应及时更换。因为任何一个电刷接触不良都会造成电源缺相或监控信号不通。尤其要注意的是，集电环如果发生监控线路与电源电路的短路，则将把 380V 电压引入监控计算机，可能造成较大损失与安全事故。

④ 对于中心驱动的刮泥机，由于其中心驱动装置的减速比非常大，因此扭矩也非常大。一旦出现阻力超过允许值，将会使主轴受很大的转矩，此时如果剪断销部位锈死，会使主轴变形。因此剪断销处的注油嘴是非常重要的，应至少每月加润滑脂一次，以保证其有良好的过载保护的功能。

4. 回转式吸泥机

吸泥机是将沉淀于池底的活性污泥吸出，一般用于二次沉淀池，吸出的活性污泥回流至曝气池。大部分吸泥机在吸泥的过程中有刮泥板辅助，因此也称这种吸泥机为刮吸泥机。常见的有回转式吸泥机和桁车式吸泥机，前者用于辐流式二沉池，后者用于平流式二沉池。

回转式吸泥机就其驱动方式分为中心驱动和周边驱动两种。回转式吸泥机主要由以下几个部分组成。

(1) 桥架　分旋转桥架和固定桥架两种，钢制或铝合金制造，起着支承吸泥管，安装泥槽，安装水泵或真空泵，操作人员的走道，以及固定控制柜等作用。

(2) 端梁　又称垵鞍梁，是周边驱动式吸泥机上用于支承桥架及安装驱动装置及主动和从动轮。中心驱动式吸泥机较少使用端梁。

(3) 中心部分　包括中心集泥罐、稳流筒、中心轴承、集电环箱等。中心集泥罐用于收集吸出的活性污泥。

(4) 工作部分　吸泥机的工作部分由固定于桥架或旋转支架上的若干根吸泥管、刮泥板及控制每根吸泥管出泥量的阀门等组成。当采用静压式吸泥时，中心泥罐与各个吸泥管由泥槽相连接。

(5) 驱动装置、浮渣排除装置、电气控制系统、出水堰清洗刷等　这些与回转式刮泥机的基本相同。其中出水堰清洗刷比初沉池更重要，因为最终沉淀池的出水堰上更容易生长一些苔藓及藻类，影响出水均匀，也影响美观。

5. 桁车式吸泥机

桁车式吸泥机包括桥架和使桥架往复行走的驱动系统。污泥吸管固定于桥架上，在沉淀池的一侧或双侧装有导泥槽，用以将吸取的活性污泥引到配泥井或回流污泥泵房及剩余污泥泵房。这种吸泥机往复行走，其来回两个行程均为工作行程，不存在刮泥机那样空车返回的现象，因此两个行程的速度相同。桁车式吸泥机的运行速度是根据入流污水量、产泥量、池子的深度等诸多因素综合考虑并设计的，一般为0.3～1.5m/min，速度过快会使池内流态产生扰动，影响污泥的沉降。

桁车式吸泥机的吸泥方式有两种：一种是虹吸式；另一种是泵吸式。每台吸泥机都有2根或多根吸泥管，但吸泥管的吸口不可能将池底完全覆盖，每个吸泥管之间会有很大的空间。为了使空间中的泥向吸泥管处集中，沉淀池与吸泥机采取了以下3种方式。

(1) V形槽　这种方法是将混凝土的池底做出一些纵向的V形槽，沉淀于池底的污泥由于重力的作用向V形槽的底部流动。吸泥管的管口深入槽的底部，沿槽的方向往复行走，吸取槽底集中的泥。

(2) X形刮板　这种方法是在固定的吸泥管口安装分布成X形的4个小刮板。吸泥机运行的两个方向都可以利用刮板将污泥刮拢到吸管口。

(3) 扁平吸口　这种方法是将吸泥管口扩大成扁平的，以扩大吸泥控制宽度，这样池底可以做成水平的。

吸泥机上装有可升降的浮渣刮板清除水面的浮渣。其升降方式有液压式、电磁式及钢绳式 3 种，浮渣槽装在进水端的水面，在从进水端向出水端运行时，刮板脱离水面，在回程时刮板入水。

（二）刮吸泥机的检修项目与周期

1. 检修周期（当连续运转时）

中修：12 个月。大修：36～40 个月。

2. 检修项目

中修项目包括以下几点。

① 对减速机部分解体检查，清除机件和箱体内油垢及杂物，更换润滑油。

② 检查减速机内部零部件的磨损情况，缺陷严重的要及时更换。

③ 检查和调整间隙，更换轴承、密封件。

④ 检查中心支座及其轴承滚动情况和集电装置碳刷磨损情况。

⑤ 检查行走轮及其轴承运转情况，以及各桁架连结固定情况。

⑥ 检查和调整电机、减速机的传动皮带。

大修项目包括以下几点。

① 包括中修项目。

② 放水检查桁架的固定连接和腐蚀情况，以及橡胶皮刮板固定情况、磨损情况及铁板腐蚀情况，必要时予以更换。

③ 检查主动车轮、轴及减速机，更换部分损坏零件。

④ 检查解体制动器的磨损情况。

⑤ 整体进行涂刷防锈或防腐蚀（水下部分）。

⑥ 检查所有滚动轴承的磨损及润滑情况，更换损坏的轴承并加注足够的润滑脂。

四、曝气设备

曝气设备是污水生化处理工程中必不可少的设备，其性能的好坏直接表现为能否提供较充足的溶解氧，是提高生化处理效果及经济效益的关键。常用的曝气设备有微孔曝气器、可变孔曝气软管、转刷曝气机、转盘曝气机等。曝气装置是指曝气过程中的空气扩散装置。常用的扩散装置分微孔气泡、中小气泡、大气泡以及水力剪切型、机械剪切型等。这些曝气器分别采用玻璃钢、热塑性塑料、陶瓷、橡胶和金属材料等制成，其空气转移效率均比穿孔曝气器有很大提高。

（一）微孔曝气器

微孔曝气器也称多孔性空气扩散装置，采用多孔性材料如陶粒、粗瓷等掺以适量的酚醛树脂一类的黏合剂，在高温下烧结成为扩散板、扩散管及扩散罩等形式。为克服上述刚性微孔曝气器容易堵塞的缺点，现在已广泛应用膜片式微孔曝气器。

微孔曝气是利用空气扩散装置在曝气池内产生微小气泡后，微小气泡与水的接触面积大，所产生气泡的直径在 2mm 以下，氧利用率较高，一般可达 10％以上，动力效率大于 2kg O_2/(kW·h)。其缺点是气压损失较大、容易堵塞，进入的压缩空气必须预先经过滤处理。

1. 常用微孔曝气器的种类

根据扩散孔尺寸能否改变分为固定孔径微孔曝气器和可变孔径微孔曝气器两大类。

常用固定孔径微孔曝气器有平板式（图 7-16）、钟罩式（图 7-17）和管式三种，由陶瓷、刚玉等刚性材料制造而成。其平均孔径为 100～200μm，氧利用率为 20％～25％，充氧动力效率为 4～6kg/(kW·h)，通气阻力为 150～400mm 水柱（1.47～3.92kPa），曝气量为 0.8～3m^3/(h·个)，服务面积为 0.3～0.75m^2/个。

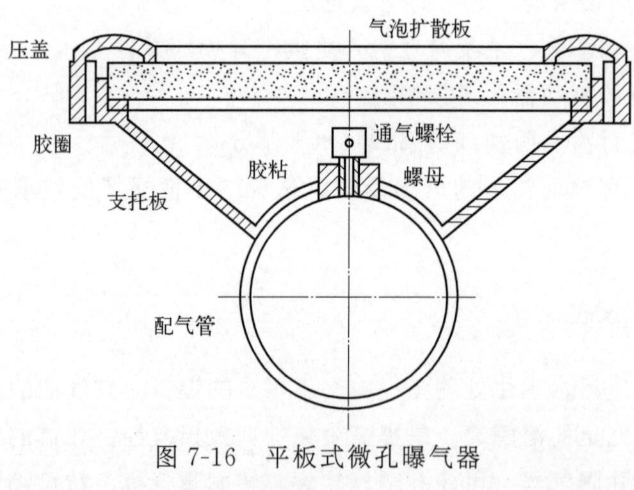

图 7-16　平板式微孔曝气器

常用可变孔径微孔曝气器多采用膜片式微孔曝气器（图 7-18）。

膜片式微孔曝气器系统主要由曝气器底座、上螺旋压盖、空气均流板、合成橡胶等部件组成。曝气器尺寸（平板型）Ⅰ型 D＝260mm，Ⅱ型 D＝

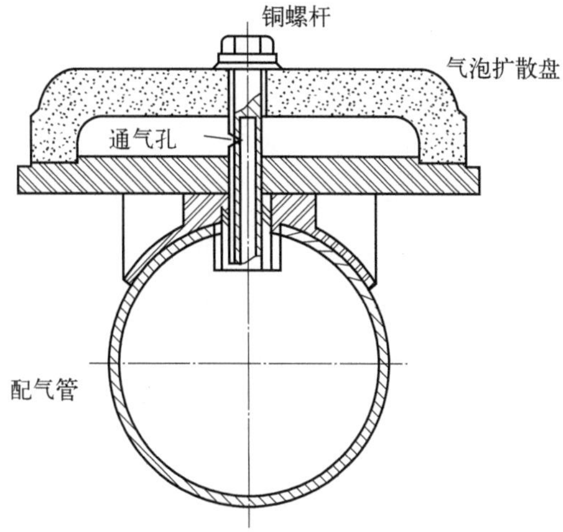

图 7-17　钟罩式微孔曝气器

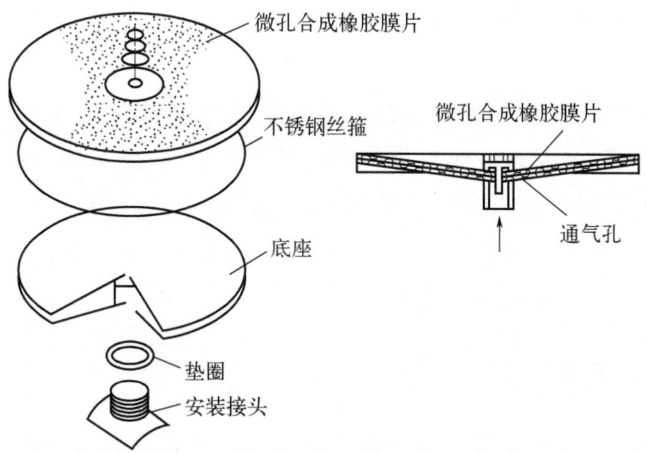

图 7-18　膜片式微孔曝气器

215mm。曝气器膜片平均孔径为 80～100μm，空气流量 1.5～3m^3/(h·个)，服务面积Ⅰ型 0.5～0.7m^2/个，Ⅱ型 0.35～0.5m^2/个。

可变孔径微孔曝气器膜片被固定在一般由 ABS 材料制成的底座上，膜片上有用激光打出同心圆布置的圆形孔眼。曝气时空气通过底座上的通气孔进入膜片与底座之间，在压缩空气的作用下，膜片微微鼓起，孔眼张开，达到布气扩散的目的。停止供气后压力消失，膜片本身的弹性作用使孔眼自动闭合，由于水压的作用，膜片又会压实于底座之上。曝气池中的混合液不可能倒流，也就不会堵塞膜片的孔眼。同时，当孔眼受压开启时，压缩空气中即使含有少量尘埃，也可以通过孔眼而不会造成堵塞，因此可以不用设置除尘设备。

微孔曝气器可分为固定式安装和可提升式安装两种形式。微孔曝气器容易堵塞，固定式安装的缺点是清理维修时需要放空曝气池，难以操作。可提升式安装可在正常运转过程中，随时或定期将微孔曝气器从混合液中提出来进行清理或更换，从而能长期保持较高的充氧效率。

2. 微孔曝气器的注意事项

微孔曝气器的种类很多，服务面积、充氧能力、动力效率、曝气量、阻力（水头损失）、氧利用率都有一定区别，使用过程中必须按照产品使用说明提出的要求进行控制。另外还要注意以下事项。

① 风机进风口必须有空气过滤装置，最好使用静电除尘等方式将空气中的悬浮颗粒含量降到最低。

② 要防止油雾进入供气系统，避免使用有油雾的气源，风机最好使用离心鼓风机。

③ 输气管采用钢管时，内壁要进行严格的防腐处理，曝气池内的配气管及管件应采用 ABS 或 UPVC 等高强度塑料管，钢管与塑料管的连接处要设置伸缩节。

④ 微孔曝气器一般在池底均布，与池壁的距离要大于 200mm，配气管间距 300～750mm，使用微孔曝气器的曝气池长宽比为（8～16）:1。

⑤ 全池微孔曝气器表面高差不超过±5mm，安装完毕后灌入清水进行校验。运行中停气时间不宜超过 4h，否则应放空池内污水，充入 1m 深的清水或二沉池出水，并以小风量持续曝气。

（二）可变孔曝气软管

可变孔曝气软管表面都开有能曝气的气孔，气孔呈狭长的细缝型，气缝的宽度在 0～200μm 之间变化，是一种微孔曝气器。可变孔曝气软管的气泡上升速度慢，布气均匀，氧的利用率高，一般可达到 20%～25%，而且价格比其他微孔曝气器低。所需的压缩空气不需要过滤过程，使用过程中可以随时停止曝气，不会堵塞。软管在曝气时膨胀开，而在停止曝气时会被水压扁。可变孔曝气软管可以卷曲包装，运输方便，安装时池底不需附加其他复杂设备，只需要固定件卡住即可。

（三）转刷曝气机

转刷曝气机是氧化沟工艺中普遍采用的一种表面曝气设备，具有充氧、混合、推进等作用。向沟内的活性污泥混合液中进行强制充氧，以满足好氧微生物的需要，并推动混合液在沟内保持连续循环流动，以使污水与活性污泥保持充分混合接触，并始终处于悬浮状态。

1. 转刷曝气机的结构

水平轴转刷曝气机主要由电机、减速装置、转刷主体及连接支承等部件组成（图 7-19）。

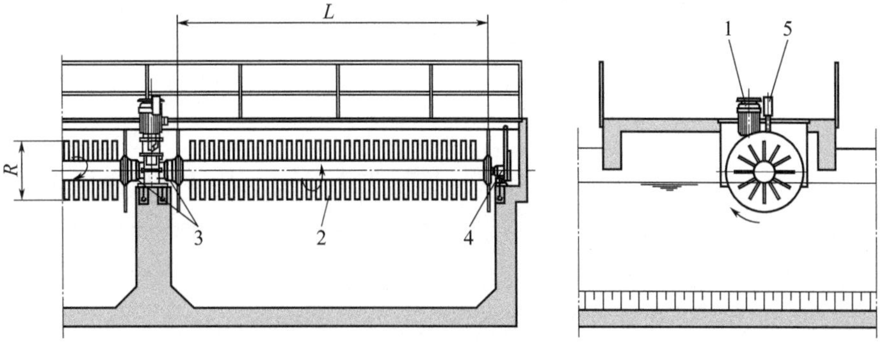

图 7-19 转刷曝气机结构

1—电机；2—转刷；3—软轴联轴器；4—边轴承；5—湿度过滤器

这种结构转刷适用于中小型氧化沟污水厂。电机与减速机之间采用三角皮带连接，减速机通过弹性联轴节和 2 个轴承座与转刷的主轴相连，电机、减速机、转刷固定在机架上。机架上有平台和栏杆护手，整个设备靠机架固定在氧化沟槽上。电机采用卧式电机，包括普通电机、多极变速电机以及无极变速电机。减速机则采用标准的摆线针轮减速机。采用桥式结构制造安装极为方便，可在厂内整机装配后包装运至现场，安装时只需在预定位置上调整水平即可。

2. 转刷曝气机的维护

① 由于转刷曝气机一般都为连续运转，因此要保持其变速箱及轴承的良好润滑，两端轴承要每季度加注润滑脂一次，变速箱至少要每半年打开观察一次，检查齿轮的齿面有无点蚀等痕迹。

② 应及时紧固及更换可能出现松动、位移的刷片。

（四）转盘曝气机

转盘曝气机是在消化吸收国外先进技术的基础上，结合我国特点开发的高效低耗氧化沟曝气装置。主要用于由多个同心沟渠组成的 Orbal 型氧化沟。转盘曝气机具有充氧效率高、动力消耗省、推动能力强、结构简单、安装维护方便等特点。

1. AD型剪切式转盘曝气机结构和特点

AD型剪切式转盘曝气机主要由电机、减速装置、柔性联轴节、主轴、转盘及轴承和轴承座等部件组成。

(1) 电机　采用立式户外型，占地省，受转盘激起的水雾影响小。

(2) 减速装置　采用圆锥-圆柱齿轮减速，齿轮均为硬齿面，承载力大、结构紧凑、体积小、质量轻、运行平稳。

(3) 主轴　采用无缝钢管及端法兰组成，用螺栓和轴头（或联轴器连接）。钢管经调质处理，外表镀锌或沥青清漆防腐，质量轻、刚度大、耐蚀性强、使用寿命长。

(4) 柔性联轴节　摈弃了传统的连接和支承方式，经减速后由柔性联轴节直接将速度传递于主轴。承受径向载荷大、传递力矩大、允许一定的径向和角度误差，为方便安装和长时间的连续平稳运行提供了保障。

(5) 转盘　转盘由两个半圆形圆盘以半法兰与主轴相连接，转盘两侧开有不穿透的曝气孔，表面设有剪切式叶片。转盘在旋转过程中，对污水起着充氧、搅拌、推流和混合作用。由于转盘两侧表面设有剪切式叶片，所以与传统盘片相比，不仅大幅度地提高了充氧能力，同时极大地增加了推动力。转盘采用轻质高强度耐蚀性强的玻璃钢压铸而成。

2. 主要技术性能

① 转盘直径 ϕ1000～1400mm。

② 转速 40～60r/min。

③ 转盘浸没深度 300～550mm。

④ 充氧能力 0.5～2.0kg O_2/(片·h)(0.1MPa 20℃无氧清水)。

⑤ 动力效率 1.5～4.0kg O_2/(kW·h)(以轴功率计)。

⑥ 氧化沟设计有效水深 2.5～5.0m。

⑦ 转盘安装密度 3～5片/m。

⑧ 电机功率 0.5～1.0kW/片。

⑨ 转盘单轴最大长度 (B)6m。

(五) 立式叶轮表面曝气机

立式叶轮表面曝气机规格品种繁多，但目前国内是以泵型（E）及倒伞形叶轮为主。

1. 泵型（E）叶轮曝气机

泵型（E）叶轮曝气机是我国自行研制的高效表面曝气机。整机由电机、减速机、机架、联轴器、传动轴和叶轮组成。部分产品为了达到无级调速的目的，驱动电机选用直流电机，但还要有一套与之配套的整流电源、调速器等附属设备。

泵型（E）叶轮的直径在0.4～2.0m之间，由平板、叶片、导流锥、进水口和上、下压水罩等部分构成。泵（E）型叶轮的充氧方式以水跃为主，液面更新为辅。

泵型（E）叶轮充氧量及动力效率较高，提升力强，但其制造较为复杂，且叶轮中的水道易被堵塞。运行时应保证叶轮有一定的浸没度（50mm以内），浸水太浅会产生脱水现象而形不成水跃。因而它适合通过调节转速来调节充氧量，而不宜靠改变浸没度来调节充氧量。

2. 倒伞形叶轮曝气机

倒伞形叶轮曝气机的叶轮由圆锥体及连在其表面的叶片组成。叶片的末端在圆锥体底边沿水平伸展出一小段距离，使叶轮旋转时甩出的水幕与池中水面相接触，从而扩大了叶轮的充氧作用。为了增加充氧量，有些倒伞型叶轮在锥体上邻近叶片的后部钻有进气孔。

倒伞形叶轮可以利用变更浸没深度来改变充氧量，以适应水质及水量的变化。浸没度的调节既可采用叶轮升降的传动装置，也可通过氧化沟、曝气池的出水堰门的调节来实现。倒伞型叶轮构造简单，易于加工，运转时不堵塞。这种倒伞形叶轮曝气机的充氧方式是以液面更新为主，水跃及负压吸氧为辅，多用于卡鲁塞尔氧化沟。

倒伞形叶轮的直径一般为0.5～2.5m。国内最大的倒伞形叶轮直径为3m，由于其直径较泵型的大，故其转速较慢，为30～60r/min。动力效率为2.13～2.44kg O_2/(kW·h)，在最佳时可达2.51kg O_2/(kW·h)。

除了上述两种叶轮外，还有平板形叶轮及K形叶轮。

表面曝气机的运行保养、维护与检修主要内容有以下几点。

① 定期巡视检查。一般5～7h上池检查一次，巡视检查的主要内容有曝气机（包括电动机、减速器、主轴箱）运转是否正常，包括温升、声响、振动等，若是变速电动机要检查电动机转速。

② 经常检查减速器油位，如油不足需及时添加，如发现漏油、渗油情况应及时解决。

③ 定期检查和添加主轴箱润滑脂。

④ 定期检查叶轮或转刷钩带污物情况，如有钩带则及时清除。

⑤ 经常检查曝气池溶解氧情况，过高或过低时应及时调整转速或调节叶

轮或转刷浸没深度。有时发现曝气池溶解氧上升，污泥浓度异常减少，则可能是叶轮或转刷夹带垃圾异物，使提升力降低，污泥下沉到池底导致耗氧减少所致，这时应停车清除叶轮或转刷内垃圾杂物。

⑥ 在恶劣天气，如暴雨、下雪等情况下注意电动机是否有受潮可能，如有可能应采取遮盖措施。

⑦ 每天做好清洁工作，保持机组整洁。

（六）潜水曝气机

1. 构造与工作过程

潜水曝气机由潜污泵、混合室、底座、进气管和消声器等组成。潜污泵启动后吸入空气，并在混合室与液体充分混合，混合液体从周边出口流出，完成对液体的充氧。根据空气来源分为自吸式和鼓风式两种，采用较多的是自吸式。

2. 特点及应用

潜水曝气机的特点是：结构紧凑、占地面积小、安装方便，叶轮流道采用无堵塞式，安全可靠，潜水运行噪声小，自吸式可免去鼓风机，可降低工程投资。

潜水曝气机可用于污水厂曝气池（尤其是SBR反应池）中，进行混合液混合、搅拌及充氧。自吸式潜水曝气机潜入深度2～6m，进气量范围较广（10～150m^3/h）。

3. 维护管理

应定期检查潜水电动机的相间绝缘电阻及对地绝缘电阻，检查接地是否可靠。根据工作条件不同，按说明书要求定期检查油室内的润滑油，若油中有水，应及时更换密封和润滑油。定期做好大修、检查和及时更换易损件、紧固件，拆修后更换所有密封件。

（七）潜水推流器

1. 构造与应用

潜水推流器广泛应用于各种水池之中，通过旋转叶轮，产生强烈的推进和搅拌作用，有效地增加池内水体的流速和混合，防止沉积。潜水推流器还可以称为潜水搅拌机。按叶轮速度不同，可以分为高速搅拌机和低速推流器。高速搅拌机叶轮直径小，转速高；低速推流器叶轮直径大，转速低。低速推流器由水下电动机、减速机、叶轮、支架、卷扬装置和控制系统组成。高速搅拌机另外设有导流罩。

2. 特点

潜水推流器具有以下特点。

① 推流器结构紧凑、操作维护简单、安装检修方便、使用寿命长。

② 电动机具有过载、漏水及过热功能保护。

③ 叶轮设计具有最优水力性能结构，工作效率高，后掠式叶片具有自洁功能，可防杂物缠绕。

3. 运行维护和保养

推流器无水工作时间不宜超过 3min。运行中防止下列原因引起振动：叶轮损坏或堵塞，表面空气吸入形成涡流，不均匀的水流或扬程太高。

运行稳定时电流应小于额定电流，下列原因会引起过高电流，应予以克服：旋转方向错误，黏度或密度过高，叶轮堵塞或导流罩变形，叶片角度不对。

每运行一定时间（如 4000～8000h）或每年检修一次，及时更换不合格零部件和易损件。其内容为：密封及油的状况和质量，电气绝缘、磨损件、紧固件、电缆及其入口、提升机构等。每运行一定时间（如 2000～5000h）或每两年大修一次，除一般检修内容外，还包括更换轴承、更换轴密封、更换 O 形环、更换油、更换电缆及其入口的密封，必要时更换叶轮、导流罩、提升机构。

五、滗水器

滗水器是 SBR 工艺的关键设备，起排出反应池内上清液的作用。目前，国内生产的滗水器主要有机械式、浮力式和虹吸式 3 种。机械式滗水器分为旋转式和套筒式，图 7-20 为旋转式滗水器结构。

旋转式滗水器由电动机、减速执行装置、传动装置、挡渣板、浮筒、淹没出流堰口、回转支承等组成。电动机带动减速执行装置，使堰口绕出水总管做旋转运动，滗出上清液，液面也随之下降。旋转式滗水器对水质、水量变化有很强的适应性，且技术性能先进、旋转空间小、工作可靠、运转灵活。其主要特点如下。

① 滗水深度可达 3m，设备整体耐腐蚀性好，运转可靠性高。

② 设备选用先进的移动行程开关及安全报警装置，使设备在运行过程中具有较大的活动性和可调性，以适应水质、水量的变化，能够实现自动停机报警，减少不必要的经济损失。

③ 回转支承采用自动微调装置，高效低阻密封，密封可靠，自动调心，转动灵活，节省动力。

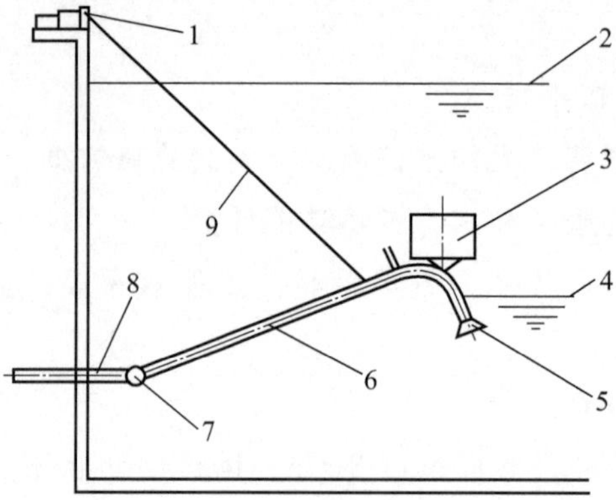

图 7-20 旋转式滗水器结构

1—电动机减速机；2—最高水位；3—浮箱；4—最低水位；5—收水口；6—排水管；7—旋转接头；8—出水管；9—牵引线

④ 滗水器运行过程中在最佳的堰口负荷范围内，堰口下的液面不起任何扰动，且堰口处设有浮筒、挡渣板部件，以确保出水水质达到最佳状态。

套筒式滗水器有丝杠式和钢丝绳式两种，都是在一个固定的池内平台上，通过电动机丝杠或滚筒上的钢丝绳，带动出流堰口上下移动。堰口下的排水管插在有橡胶密封的套筒上，可以随出水堰上下移动，套筒连接在出水总管上，将上清液滗出池外，在堰口上也有一个拦浮渣和泡沫用的浮箱，采用剪刀式铰链的堰口连接，以适应堰口淹没深度的微小变化。

浮力式滗水器是依靠上方的浮箱本身的浮力，使堰口随液面上下运动而不需外加机械动力。按堰口形状可分为条形堰式、圆盘堰式和管道式等。堰口下采用柔性软管或肘式接头来适应堰口的位移变化，将上清液滗出池外。浮箱本身也起拦渣作用。为了防止混合液进入管道，在每次滗水结束后，采用电磁阀或自力式阀关闭堰口，或采用气水置换浮箱，将堰口抬出水面。

虹吸式滗水器实际上是一组淹没出流堰，由一组垂直的短管组成，短管吸口向下，上端用总管连接。总管与 U 形管相通，U 形管一端高出水面，一端低于反应池的最低水位，高端设自动阀与大气相通，低端接出水管以排出上清液。运行时通过控制进、排气阀的开闭，采用 U 形管水封封气，来形成滗水器中循环间断的真空和充气空间，达到开关滗水器和防止混合液流入的目的。滗水的最低水面限制在短管吸口以上，以防止浮渣或泡沫进入。

六、可调堰与套筒阀

1. 可调堰

可调堰一般用于曝气池和配水池内控制水的排放和池内水面高程。可调堰一般由手动（或电动）启闭机、螺杆、连接曲柄或连杆、堰门、密封橡胶条、门框或升降槽组成。按照堰门的运行方式不同，可分为直调式堰门和旋转式堰门。

直调式堰门占用空间较大，升降时容易卡阻，但密封效果较好。旋转式堰门占用空间小，升降操作容易，密封性较差。直调式堰门与旋转式堰门的堰门宽度一般为 2～5m，调节高度范围为 250～300mm。直调式堰门如图 7-21 所示。

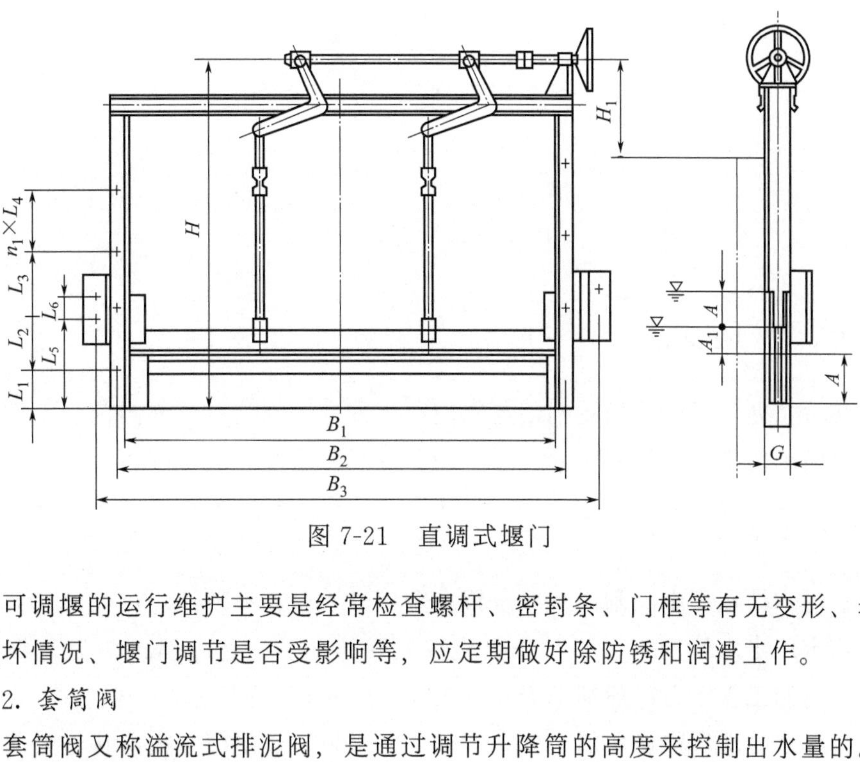

图 7-21　直调式堰门

可调堰的运行维护主要是经常检查螺杆、密封条、门框等有无变形、老化或损坏情况、堰门调节是否受影响等，应定期做好除防锈和润滑工作。

2. 套筒阀

套筒阀又称溢流式排泥阀，是通过调节升降筒的高度来控制出水量的。一般用于污水厂沉淀池或消化池排泥，只要池内液面高度与套筒阀升降筒高度存在合适的高差，污泥即会按一定的流量溢出。

套筒阀一般由手动或电动启闭机、连杆、可升降内筒、外筒、导向杆、密封圈等构成（图 7-22)。套筒阀运行操作灵活，容易控制污泥出流量，构造简单。

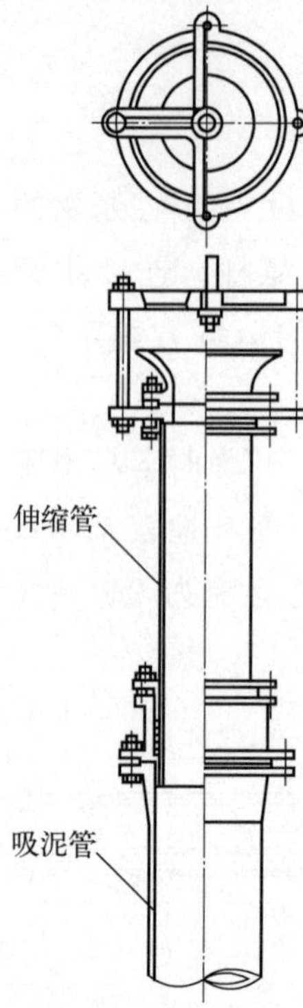

图 7-22　套筒阀

七、闸门与阀门

在污水处理厂中使用的闸门与阀门种类繁多。闸门有铸铁闸门、平面钢闸门、速闭闸门等，阀门有闸阀、止回阀、蝶阀、球阀、截止阀等。

（一）闸门

在污水处理厂中，闸门一般设置在全厂进水口、沉砂池、沉淀池、泵站进水口及全厂出水管渠口处，其作用是控制污水厂的进出水量或者完全截断水流，闸门的工作压力一般都小于 0.1MPa，大都安装在迎水面一侧。

在污水处理厂中使用的大多为铸铁单面密封平面闸门，按形状分为圆形闸门和方形闸门。圆形闸门的直径一般为 200～1500mm，方形闸门的尺寸一般在 2000mm×2000mm 以下。

铸铁闸门的闸框安装在混凝土构筑物上，对闸板的上下运动起导向和密封作用。为了加强闭水效果，在闸板和闸框之间都设有楔形压紧机构，当闸门关闭时，在闸门本身的重力及启闭机的压力下，楔形块产生一个使两个密封面互相压紧的反作用分力，从而达到良好的闭水效果。

（二）阀门

阀门是在封闭的管道之间安装的，用以控制介质的流量或者完全截断介质的流动。在污水处理厂中，介质主要为污水、污泥和空气。

① 按介质的种类可分为污水阀门、污泥阀门、清水阀门、加药阀门、高低压气体阀门等。

② 按功能可分为截止阀、止回阀、安全阀等。

③ 按结构可分为蝶阀、旋塞阀、闸阀、角阀和球阀等。

④ 按驱动动力可分为手动、电动、液动及气动 4 种方式。

⑤ 按公称压力可分为高压、中压和低压 3 类。

阀门的型号根据阀门的种类、阀体结构、阀体材料、驱动方式、公称压力及密封或衬里材料等，分别用汉语拼音字母及数字表示。各类阀门型号含义见《阀门　型号编制方法》(GB/T 32808—2016)。

1. 闸阀

闸阀由阀体、闸板、密封件和启闭装置组成。其优点是当阀门全开时通道完全无障碍，不会发生缠绕，特别适用于含有大量杂质的污水、污泥管道中使用。闸阀的流通直径一般为 50～1000mm，最大工作压力可达 4MPa。流通介质可以是清水、污水、污泥、浮渣或空气。其缺点是密封面太长，易于向外泄漏，运动阻力大，体积较大等。

2. 蝶阀

蝶阀是污水处理厂中使用最广泛的一种阀门，流通介质有污水、清水、活性污泥及低压气体等。蝶阀由阀体、内衬、蝶板及启闭机构几部分组成。

阀体一般由铸铁制成，与管道的连接方式大部分为法兰盘。内衬多使用橡胶材料或者尼龙材料制成，可实现阀体与蝶板间的密封，避免介质与铸铁阀门的接触以及法兰盘密封。蝶板的材质由介质来决定，有的是加防腐涂层或镀层的钢铁材料，有的是不锈钢或者铝合金。其启闭机构分手动和电动两种。小型蝶阀可直接用手柄转动，大一些的要借助蜗杆蜗轮减速增力，还可用齿轮减速和螺旋减速使得蝶板转动。电动蝶阀的启闭机构由电机、减速机构、开度表及电器保护系统组成。启闭机构与阀体之间用盘根或橡胶油封等密封，以防止介质泄漏。其优点是密封性好、成本低，缺点是阀门开启后，蝶板仍横在流通管道的中心，会对介质的流动产生阻碍，介质中的杂质会在蝶板上造成缠绕。因此，在含浮渣较多的管道中应避免使用蝶阀。另外，在蝶阀闭合时，如果在蝶板附近存有较多沉砂淤积，泥砂会阻碍蝶板的再次开启。

3. 止回阀

止回阀又称逆止阀或单向阀，由阀体和装有弹簧的活瓣门组成。其工作原理为：当介质正向流动时，活瓣门在介质的冲击下全部打开，管道畅通无阻；当介质倒流的情况下，活瓣门在介质的反向压力下关闭，以阻止介质的倒流，从而可以保证整个管网的正常运行，并对水泵及风机起到了保护作用。

在污水处理厂中，由于工艺运行的需要，还常使用缓闭止回阀，用以消除停泵时出现的水锤现象。缓闭止回阀主要由阀体、阀板及阻尼器三部分组成。停泵时阀板分两个阶段的关闭。第一阶段在停泵后借阀板自身重力关闭大部分，尚留一小部分开启度，使形成正压水锤的回冲水流过，经水泵、吸水管回流，以减少水锤的正向压力；同时由于阀板的开启度已经变小，防止了管道水的大量回流和水泵倒转过快。第二阶段时将剩余部分缓慢关闭，以免发生过快关闭的水锤冲击。

参考文献

［1］ 李圭白，张杰．水质工程学：下册．2 版．北京：中国建筑工业出版社，2013.

［2］ 城镇污水处理厂运行、维护及安全技术规程（CJJ 60—2011)．北京：中国建筑工业出版社，2011.

［3］ 王强，黄佳锐，谢经良．污水处理设备操作维护问答．3 版．北京：化学工业出版社，2024.

［4］ 卜秋平、陆少鸣、曾科．城市污水处理厂的建设与管理．北京：化学工业出版社，2002.

［5］ 建设部人事教育司．污水处理工．北京：中国建筑工业版社，2024.

［6］ 李亚峰，班福忱，许秀红，等．废水处理实用技术及运行管理．北京：化学工业出版社，2013.

［7］ 纪轩．污水处理工必读．北京：中国石化出版社，2004.

［8］ 张统．间歇活性污泥法污水处理技术及工程实例．北京：化学工业出版社，2002.

［9］ 李亚峰，李军，李倩倩．城镇水厂的运行管理．北京：中国建筑工业出版社，2023.

［10］ 郑俊．曝气生物滤池污水处理新技术及工程实例．北京：化学工业出版社，2002.

［11］ 张弛，汪美贞．污水处理百问百答．杭州：浙江工商大学出版社，2011.

［12］ 吴国林．水污染的检测与控制．北京：科学出版社，2004.

［13］ 徐亚同．废水生物处理的运行管理与异常对策．北京：化学工业出版社，2003.

［14］ 张统．SBR 及其变法污水处理与回用技术．北京：化学工业出版社，2003.

［15］ 王文东．废水处理生物技术．北京：化学工业出版社，2014.

［16］ 张自杰．废水处理理论与设计．北京：中国建筑工业出版社，2003.

［17］ 尹士君，李亚峰．水处理构筑物设计与计算．3 版．北京：化学工业出版社，2015.

［18］ 李亚峰，马学文，李倩倩．小城镇污水处理厂的运行管理.2 版．北京：化学工业出版社，2017.

［19］ 王宝贞、王琳．水污染治理新技术．北京：科学出版社，2004.

[20] 崔玉川. 城市污水回用深度处理设施设计计算. 3版. 北京: 化学工业出版社, 2024.

[21] 徐强. 污泥处理处置新技术、新工艺、新设备. 北京: 化学工业出版社, 2011.

[22] 刘景明. 水处理工. 北京: 化学工业出版社, 2014.

[23] 张自杰. 排水工程. 下册. 5版. 北京: 中国建筑工业出版社, 2015.

[24] GB/T 30948—2021. 泵站技术管理规程. 北京: 中国标准出版社, 2021.